子母河水是怎么让唐僧怀孕的

神神秘秘的基因冷知识

尹传红 / 主编

张珍真 / 著

宫世杰 / 插图

上海科技教育出版社

主编的话

　　树懒到底有多懒？真的有让自己好斗的激素吗？开车最经济的速度是多少？假目标是怎样迷惑来袭导弹的？

　　这样一些有趣的话题，在"尤里卡科学馆"丛书的4个分册里，随处可觅。

　　这是一套面向中小学生的图文科普丛书。它以通俗易懂、生动谐趣的笔触，介绍了涉及动植物、天文地理、人体和军事等诸多方面的科学知识，突显了探索科学奥秘之乐趣所在，也展现了科学与人文、艺术相结合的魅力。

　　我相信，青少年朋友读后一定会增进对自然界和我们自身的了解与认识，增强对科学的亲近感。同时，它也必然有助于锤炼孩子们的逻辑思维能力和想象力，激发创新思维的火花。

　　阅读优秀的科普作品，对青年学子的精神发育和健康成长，影响甚深，至关重要。据我所知，许多著名的科学家，小时候就是因为接触到优秀的科普读物而对科学产生兴趣，渐渐地走进了科学的世界。

　　"创新兴则国家兴，创新强则国家强"。如今，国家已经把科学普及和科技创新提升到了同等重要的位置，并且致力于建设创新型国家，强调不断创新，要站在世界科技发展的前列。如果说，科技创新和科学普及是创新发展的一体两翼，那么，这推动创新发展的两翼应该比翼齐飞才好。也正是从这个意义上讲，我认为做好科学普及和科学教育，就是为未来的科技创新奠基，提供的是一种基础性的支撑。科学普及和科学教育，就应该有这样的高度与担当。

上海科技教育出版社多年来一直致力于谋划出版面向中小学生的原创科普精品，期望青少年读者经由阅读而理解科学、欣赏科学、参与科学，领悟科学方法、科学精神和科学思想的精髓，并能以理性思维进行观察和思考，进而实现课程内容之外的知识拓展、探究和创新思维的延伸，进一步提高素质与能力。"尤里卡科学馆"丛书，正是在这样的背景下应运而生的。

好书便是好伴侣。最是书香能致远。

我热切地期盼，"尤里卡科学馆"丛书能够成为青少年朋友悦读探索的好伴侣。

愿你们在阅读中思考，在思考中进步，在进步中成长！

尹传红

2019 年 7 月

脑洞大开

吃吃喝喝

现在吃，还是再等等

　　你在商场里看中一件衣服，是现在就买，还是等过一段时间衣服打折了再买？你拿到一笔一万元的收入，是现在花掉，还是存起来等明年赚取收益？如果你选择等待，那么恭喜你，你拥有"延迟满足"的能力，也就是说，在面对立即能获得的小奖赏和延迟获得的大奖赏时，你倾向于选择延迟获得的大奖赏。

　　生活中有许多事情需要"延迟满足"的能力。例如，肥胖的人想要变瘦，通过运动健身需要长时间的努力，而减肥药虽然有害健康却能让人迅速减重。这时候，缺乏延迟满足能力的人可能会为了立刻拥有好身材而"铤而走险"，选择那些成分不明的，或者有明显副作用的减肥产品。

　　商家也会利用这一心理，推广"提前消费"或者"分期消费"。这些消费模式的广告令人无比心动："我要的幸福，现在就要"。尽管这种消费行为可以让一个人立刻拥有心仪

的商品，但之后的代价也是巨大的，他必须在之后的每个月支付高额的利息。如果认真计算一下就不难发现，消费者最终支付出去的钱远高于商品原本的定价。

用一句话概括就是，缺乏"延迟满足"能力的人，更倾向于"今朝有酒今朝醉"。他们容易因为一时的冲动而购物，很难存够钱满足未来的需要，也更容易滑向吸烟、酗酒、赌博、暴饮暴食等一系列不良行为的深渊。对于他们来说，及时行乐是重要的，而远期利益（健康、家庭、良好的社会关系）则被选择性地忽视了。

1960 年，美国斯坦福大学的教授米歇尔进行了一个实验。他给一群幼儿园孩子每人两块糖，能坚持 20 分钟之内不吃掉的孩子，可以再得到两块糖，而那些不能坚持的孩子，则只能再得到一块糖。实验结果是有 2/3 的孩子选择了等待，并且这些孩子在之后的成长过程中也表现出了更加出色的自制能力和自信心。

从这个"糖果实验"可以看出，"延迟满足"能力的差异部分源自天性。国外一项针对成人的研究发现，这一能力的差异与遗传有关。例如，GPM6B 基因就编码了一种糖蛋白，这种糖蛋白存在于脑中，是神经元细胞膜上的成分，会影响大脑中血清素的水平，与延迟满足能力密切相关。

一些人因此认为，如果从小训练孩子拥有"延迟满足"的能力，孩子将来就能更优秀。不过，这可能只是家长们的一厢情愿。刻意的训练可能给孩子带来困惑，甚至影响他们的心理健康。例如，如果父母故意延迟满足孩子的正常需要时，孩子内心接收到的信息可能是"爸爸妈妈故意不想给我，他们在刁难我"。如果孩子的需要经常不被满足，他将来有可能走向两种极端：过度克制自己，或者一旦有机会满足就毫无节制。

不过，如果你想要培养自己的"延迟满足"能力，或者想要达到一个远期目标的话，可以尝试一些小技巧，比如制定阶段性的"小而即时"的奖励目标。这样一来，遥不可及的目标就被分解成触手可及的、只需稍加努力即可完成的小目标，就更容易坚持下来了。此外，好的生活习惯也有助于培养"延迟满足"的能力。你可以尝试一下每天运动20分钟并且晚上不熬夜。这些习惯不仅有助于身体健康，也会令你逐渐学会如何克服外界诱惑，坚持完成目标。相信用不了多久，你在发现自己身材变好、精力变旺盛的同时，也感受到了克服短期诱惑所带来的好处。

喝不喝牛奶

　　如果你看过美剧《生活大爆炸》，一定会对男主角莱纳德患有"乳糖不耐受症"这件事印象深刻——他在和女主角第一次约会时，因为吃了一些冰激凌而不停放屁，很是尴尬。

　　实际上，如果你在喝完牛奶后出现肚子胀、放屁或者轻度腹泻等不适反应，那么你很有可能和莱纳德一样患有"乳糖不耐受症"。这其实并不是一种疾病，只是你的身体无法消化牛奶中的特殊糖类成分"乳糖"而已。

　　乳糖具有甜味，但甜度不如蔗糖。它不仅存在于牛奶中，也存在于母乳中。从分子结构看，乳糖属于"双糖"（我们常吃的蔗糖也属于双糖），需要经过消化分解成葡萄糖和半乳糖后才能被人体吸收。这个消化过程的关键在于乳糖酶。如果缺乏足够的乳糖酶，那么乳糖就不能被及时分解、吸收。没来得及被吸收的乳糖留在肠道里，在肠道细菌的发酵作用下，就产生了甲烷、氢气、二氧化碳等气体。这就是莱纳德吃完冰激凌不停放屁的原因。

所有的哺乳动物乳汁中都含有乳糖，而所有哺乳动物的幼崽也必须通过分解乳糖来获取能量。不过，无论是食肉动物还是食草动物，断奶成年后都很少能够再接触到含有乳糖的食物。此时，分解乳糖的能力就显得无用而累赘。相应地，哺乳动物的乳糖酶分泌也符合这种饮食规律——在动物的幼年期乳糖酶分泌旺盛，随着断奶逐渐停止。

长期以狩猎、农耕为食物来源的人类也是如此，有研究认为成长到4岁的幼儿，体内分解乳糖的能力已经下降了约90%。不过，随着人类发展出以畜牧为主的生活方式，乳制品变得唾手可得。这时，能够持续分泌乳糖酶不再是一件费力而无用的事情，反而能够帮助人们更好地适应这种生活方式。大约在四五千年前，一支欧洲人的祖先中出现了*MCM6*基因突变。这一突变，使得这些人即使到了成年时期也能够持续地分泌乳糖酶，从而更好地适应富含乳类的饮食模式。

如今，大多数祖籍西欧的人都存在这种变异，他们不太会出现乳糖不耐受症，东亚人、撒哈拉沙漠以南的非洲人和美洲、大洋洲的原住民族则

多数没有该变异。所以，身在美国的乳糖不耐受症患者莱纳德感到自己是个异类，而在中国，乳糖不耐受是个正常现象。

不过，即使有乳糖不耐受症也不是绝对不能喝牛奶。如果从小就有喝牛奶的习惯，或者遵循"从少到多"的规律，肠道就会逐渐适应。日本有9成以上的人有乳糖不耐受现象，但大多数人可以每天喝200毫升牛奶却不出现任何不适。

此外，酸奶、奶酪是经过微生物发酵的乳制品，其中的乳糖含量已经大大降低，因此食用后也不易出现乳糖不耐受的症状，很适合乳糖不耐受的人食用。在喝牛奶的同时吃一些其他食物，也可以增加牛奶在胃肠道里消化的时间，有助于缓解乳糖不耐受的症状。

乳糖不耐受、牛奶过敏和半乳糖血症都会导致喝牛奶后的不适，但三者是不同的。乳糖不耐受是不能分解多余的乳糖而产生的消化道不适，一般出现在大龄儿童和成年人中，是一种非常普遍的现象，不会造成严重后果。牛奶过敏多发生在婴幼儿身上，是对牛奶中的乳清蛋白或酪蛋白过敏造成的免疫反应。患有牛奶过敏的婴幼儿需要以水解或部分水解的奶粉代替母乳或奶粉，减少过敏的发生。半

乳糖血症则是一种由于无法消化半乳糖（乳糖的水解产物）而导致的罕见遗传病，如果不能及时发现、治疗，患有半乳糖血症的婴儿会在数周内死亡。

喝酒以后脸红是怎么回事

中国盛行"酒文化",每个人喝酒后的反应也大相径庭。有些人喝酒后大耍酒疯,有些人喝酒后昏昏欲醉;有些人千杯不醉,有些人却只要稍一沾酒就面红耳赤。如果你近距离观察过酒桌上的众生百态,就免不了会好奇:为什么有些人如此爱喝酒?同样喝酒,为什么人与人之间的酒后差异又如此之大?

想要回答这个问题,我们必须要解释一下,当一杯酒下肚以后,人的身体会发生什么样的变化。无论是白酒、啤酒、红酒,还是洋酒,其共同的主要成分都是酒精(乙醇)。乙醇就像淘气的小妖精,微微带着刺激。当你饮酒时,它们沿着喉咙顺流而下,给人一种"辣喉咙"的刺激感。接下来,这些恼人的乙醇沿着口腔、食道进入肠胃。这个过程里,它们会和食道、胃肠道黏膜来个亲密接触,并在乙醇脱氢酶

ADH 的协助下转化为乙醛（不过，这一反应的主战场在肝脏里，我们稍后会说）。

另外，约有2%—10% 的乙醇随着你加快的呼吸和澎湃难抑的尿意直接和你说再见了。金庸小说《天龙八部》里，酒量不佳的段誉在和萧峰斗酒的时候使出了六脉神剑，用内力把酒从指尖逼了出来，也是这个原理（当然这种特技只在小说世界里才存在）。

乙醇不需要外力就能通过生物膜直接进入血液循环。它们通过胃肠黏膜的扩散不请自入，能够迅速、均匀地霸占身体的各个组织器官。不过绝大部分乙醇会进入肝脏，在那里进行下一步的代谢。

这时候，乙醇还只是令饮酒者们飘飘欲仙，如梦似幻。因为它们的作用其实类似鸦片、吗啡等阿片类物质，能引发快感，令人欲罢不能，甚至沉溺其中。许多人之所以喝酒成瘾，也是这个原因。

不过接下来，进入肝脏的乙醇小妖精会脱下它的画皮，变身成为更可怕的"大魔王"乙醛。这个变身的过程需要乙醇脱氢酶 ADH 的帮助。当然，最终乙醛也会在乙醛脱氢酶的作用下，进一步分解为乙酸和水，并被排出体外。

之所以说乙醛才是真正的"大魔王"，是因为它们的危害比乙醇大得多。乙醛能够扩张皮肤黏膜血管，通过令人面红耳赤的方法昭告自己的存在。而且，乙醛是效力强大的肌肉毒素，毒性是乙醇的 30 倍。更糟糕的是，乙醛还拉住蛋白质的氨基不放，形成"蛋白质加合物"，这会让作为人体护卫队的免疫系统误认为敌人来袭——长此以往，人体会处于慢性炎症的状态，医学家们认为这是饮酒导致风湿性关节炎、心脏病、阿尔茨海默病和癌症的诱因。不仅如此，2018 年有论文还指出，乙醛直接破坏细胞 DNA 的结构，诱发基因突变，甚至引起严重的染色体重排，引发癌症和破坏体内的造血功能。

乙醛能够在人体内兴风作浪多久，很大程度上取决于"乙醇→乙醛"和"乙醛→乙酸"这两步生化反应的速度。具体来说，乙醇脱氢酶 ADH 决定了乙醇以多快的速度变成乙醛，而乙醛脱氢酶 ALDH 则决定了乙醛以多快的速度分解殆尽。如果把身体内的乙醛含量比作游泳池里的水量，那么这个过程就好似一边蓄水一边排水，从乙醇到乙醛这一步骤是在蓄水，而从乙醛到乙酸这一步骤则是排水。

"乙醇→乙醛"的反应速度快，就相当于"蓄水"的速度快，当喝下的酒量多时，"进水量"就多。此时，如果你身体里的乙醛脱氢酶

足够多、足够强，"乙醛→乙酸"的反应速度——即"排水"速度就会快，蓄水池能很快被排空；可是如果乙醛脱氢酶存在缺陷，导致"排水不畅"，那么蓄水池里的乙醛就会保持在"高水位"。这种高水位的持续时间越长，水位越高，对身体的伤害也就越大。

如果乙醇脱氢酶的基因或乙醛脱氢酶的基因上携带了突变，这两个酶存在缺陷，其活性就会变低，乙醇转化为乙醛，或者乙醛被分解的时间也会延长了。

当然，还有一个简单的方法可以知道自己身体里是不是已经有了太多乙醛——如果你喝酒后面红耳赤，就说明你已经乙醛过量。由于乙醛脱氢酶的缺陷在东亚人中分布十分广泛，许多中国人、韩国人和日本人都会在喝酒后出现脸红的现象，所以这种饮酒反应也被称为"亚洲红"。记住，如果你是这类人，最好不要喝酒哦！

咖啡为什么让人睡不着

你最爱喝的饮料是什么呢?

我猜,很可能是咖啡、茶、可可中的一种。这三种饮料被称为"世界三大饮料",全球每天有数亿人在喝。这些饮料的共同之处在于都含有咖啡因成分,能使人在饮用后感到精神振奋,充满活力。此外,可乐和许多运动功能饮料(比如红牛)中也含有咖啡因。

咖啡因是一种生物碱,与人体自身的腺嘌呤的结构颇为类似。当人们昏昏欲睡时,腺嘌呤核苷会与受体结合,减缓神经细胞的活动。可是当人们饮用了可乐等含有咖啡因的饮料时,咖啡因会"鸠占鹊巢",抢走原本与腺嘌呤核苷结合的受体。这样一来,腺嘌呤核苷不再能够起到减缓神经细胞活动的作用,反而是咖啡因加剧了神经细胞的活动,肾上腺素分泌加快,导致心跳加快、多巴胺分泌增加。

这就是喝咖啡提神的生理机制了。不过,凡事都有两面,在提神的同时，咖啡因也阻碍了睡眠。咖啡因导致的兴奋程度和持续时间因人而异，与咖啡因在体内的吸收、代谢和清除过程有关。

如果空腹喝咖啡，那么咖啡因在进入胃肠道后会很快被吸收，进入血液循环。从喝下咖啡到在血液中检测到咖啡因浓度峰值，只需要短短的 15 分钟。如果是随着其他食物一起摄入的咖啡因，则被吸收得较缓慢一些。咖啡因对胃有一定的刺激，所以空腹喝黑咖啡容易导致胃疼，而如果在喝咖啡或茶时加入了奶、糖，或者和其他食物一起吃，咖啡因的吸收就会减缓，对胃的刺激也不那么强烈了。

咖啡因进入人体后，一部分进入全身组织和大脑，另一部分则在肝脏中进行代谢，只有少部分咖啡因会随着尿液排出。代谢咖啡因的酶属于细胞色素 P450 家族，这种酶受到两个基因突变的影响，其中一个可以影响其活性，而另一个则会影响其合成。

这两个突变被戏称为"咖啡基因"突变。这种突变在中国人身上很常见，约

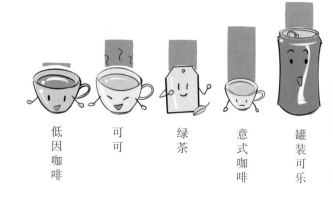

低因咖啡　　可可　　绿茶　　意式咖啡　　罐装可乐

有 32% 的中国人属于咖啡因代谢较弱的类型；14% 的中国人属于咖啡因代谢速率较快的类型；其余 54% 则属于中间类型。

这些基因差异导致了咖啡因"清除"效率的不同——把体内咖啡因含量从峰值减去一半，咖啡因代谢较快的人需要 2—4 小时来清除体内的咖啡因，而咖啡因代谢较慢的人则需要多达 12 小时。这就意味着，对咖啡代谢能力较弱的人士而言，一小杯咖啡或奶茶即可维持超过 8 小时的亢奋感。同样，这些人也更容易在饮用咖啡或功能饮料后出现失眠、焦虑或其他副作用。相反，对于咖啡代谢较快的人士而言，2—4 小时即可将饮料中的咖啡因清除大半。这些人就不太会在喝咖啡后失眠。

不同饮料中的咖啡因含量差异很大，滤煮咖啡、奶茶中的咖啡因含量是可乐或红牛中的好几倍，一些用于减肥或提升运动效果的咖啡因片中也含有大量的咖啡因。咖啡因代谢较差的人群，应尽量避免摄入这些东西。无咖啡因咖啡在保留了咖啡香气的同时去除了绝大部分咖啡因，即使咖啡因代谢较差的人也可以饮用，还不会影响睡眠。

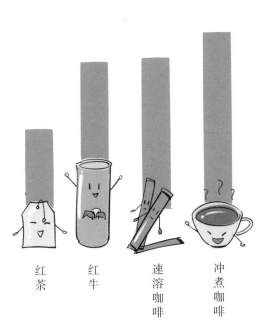

红茶　红牛　速溶咖啡　冲煮咖啡

咖啡因不太会使你上瘾，身体会逐渐习惯这种成分，并且增加对腺嘌呤核苷的敏感度。这也是为什么长期喝咖啡的人，用咖啡来提神的效果会逐渐变差，而一旦哪天不喝，就会感到困倦。一些习惯饮用咖啡的人士甚至表示，早上不喝一杯咖啡的话，会"困得连眼睛都睁不开"。

冷知识：咖啡因代谢的影响远远不止是让你睡不着觉那么简单。了解"咖啡基因"的类型，在医疗场合也有着极其重要的作用。代谢咖啡因的细胞色素酶 P450 也影响了不少常见药物的代谢。所以，如果医生在开药前为你检测了"咖啡基因"，这可不是开玩笑。

我才不要吃苦

　　为什么中药对于大多数人来说难以下咽？为什么小朋友都偏爱甜食，却不肯多吃几口花椰菜？为什么黑咖啡、黑巧克力始终是少数人的选择，大多数人对此敬谢不敏？那是因为，如果人类像爱吃甜食一样爱吃"苦"食的话，大概早就灭绝了吧！

　　自然界中大多数苦味的物质都是有毒、有害的。我们的祖先在尝到苦味食物的时候，能够迅速做出恶心、呕吐等本能反应，并且从此对它们绕开走，才避免了因为误食而中毒——直到几百年前，人类还时不时遭遇饥荒，不得不依靠野菜充饥。所以这种本能对于人类的生存至关重要。

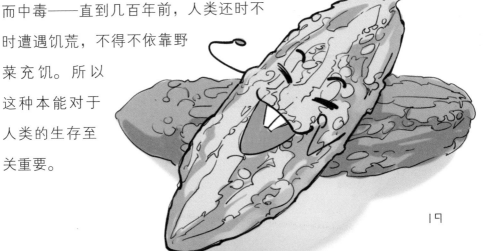

事实上，几乎所有的哺乳动物都拥有感受苦味的受体基因——TAS2Rs，这是哺乳动物在长期的进化过程中形成的自身防御。这种能力是和哺乳动物的生存环境、饮食模式相互匹配的。比如，鸭嘴兽是生活在水中的哺乳动物，其主要食物是水中的甲壳动物，甲壳动物中有毒物质很少，相应地鸭嘴兽分辨苦味的能力就比较差——仅有 4 个 TAS2Rs 基因。相比动物，植物含有更多的苦味物质，因此食草动物比杂食动物拥有更多的探测苦味的 TAS2Rs 基因，可以感受到更为丰富的苦味。

　　不过也有例外。日本猕猴经常食用含有苦味物质 Salicin 的柳树树皮，尤其到了冬天，树皮是它们唯一的食物。对于日本猕猴来说，对苦味的低敏感度有利于生存，事实也的确如此。研究人员发现日本猕猴的基因上存在一种突变，可以降低对 Salicin 反应，它们也确实不太能感到 Salicin 的苦味。

　　人类当然也有感知苦味的基因。1934 年，哈佛大学的费舍尔教授在对化合物苯硫脲进行研究时惊奇地发现，有一些人认为这种物质是苦味的，而另一些人则完全尝不出其中的苦味，关于苦味敏感的遗传研究就此开启。科学家们研究了不同基因型的人对苦味成分的敏感程度，结果发现，在 TAS2Rs 基因上的突变使一些人感知苦味的能力大幅下降——而这种突变在非洲中部的人群中很常见。这很容易让人联想到非洲地区疟疾肆虐，而长期消化微量的生氰糖苷食物（可水解生成高毒性的氰化物）有助于抵抗疟疾。

所以你看，喜欢和不喜欢苦味食物，似乎都有着进化上的优势。不过下一次有人在你面前大谈特谈令你皱眉的苦味食物时，不妨对他们讲讲这个苦味基因。你甚至可以委婉地告诉他，这种忍耐苦味的能力起源于非洲祖先，并且没有什么值得骄傲的。搞不好，他还会像《甄嬛传》里的安陵容一样，因为吃了太多苦杏仁，然后不知不觉就中毒了呢！

不喜欢吃猪肝可以吗

　　并不是每个人都爱吃猪肝、羊肝、鸭肝等食物。对于有些人来说，吃动物内脏是一件可怕或者恶心的事情。还有一些人则是因为不喜欢它们的味道而选择不吃。不过，这种习惯却有可能让人患上"维生素A缺乏症"。

　　维生素A又叫视黄醇，是一种对眼睛和皮肤都至关重要的维生素。你的身体不能自己制造出这种维生素，所以需要从食物中获取。

　　动物肝脏中含有非常丰富的维生素A，比如100克羊肝中含有15 434微克维生素A，是鸡蛋中维生素A含量的96倍，牛奶中的467倍。其他动物肝脏，比如鸭肝、鹅肝、猪肝、牛肝、鸡肝中也含有丰富的维生素A。

　　除了这些动物肝脏外，植物中含有一种叫作类胡

萝卜素的成分，它们广泛地存在于胡萝卜、
西兰花、菠菜、杧果、橘子等蔬菜水果中。
类胡萝卜素可以在人体中转化为视黄醇，
成为具有活性的维生素 A。

不过，这种转化的效率并不太高。过去
营养学家认为胡萝卜中的 β – 胡萝卜素与维生
素 A 的转化效率大约是 6:1，而如今他们发现实际的
转化效率只有大约 12:1。也就是说，相比喝一碗羊杂汤获得
的维生素 A，你可能得要吃掉好几斤胡萝卜才能达到同样的
补充效果。

植物中的 β – 胡萝卜素在人体中转化为维生素 A 的过程
是由一种 BCMO1 基因编码的酶负责的。但许多人身上都存
在 BCMO1 基因缺陷，这影响了负责转化维生素 A 的酶，从
而没办法帮助人们很好地吸收维生素 A。

根据估算，大约有 45% 的人对于 β – 胡萝卜素的吸收
利用率较低，而这些人如果因为贫穷、挑食、素食等原因不
能从动物肝脏中获得足够的维生素 A，那么即使他们常吃胡
萝卜或橘子，也仍然可能患上维生素 A 缺乏症。这时，他们
的眼睛将无法在光线不足的时候看清物体，或者会出现眼睛
干涩、皮肤干燥等问题。

实际上，这种情况很常见。2010—2016 年，研究人员
对儿童维生素 A 缺乏的情况进行了调查，发现在许多地区缺
乏维生素 A 的儿童人数比例超过 50%。

所以，记得要多吃猪肝呀！不喜欢吃猪肝的话，还可以尝试羊杂汤、卤煮、老鸭粉丝汤等食物。当然，还可以趁机体验一下法国鹅肝大餐。不过有一点需要注意：过量的维生素A也会造成中毒，所以即使鹅肝大餐再美味，也不能天天吃，每月一两次足矣。

还有，一次吃太多胡萝卜、南瓜、橘子也会使你摄入过多胡萝卜素，这会令你皮肤发黄，但不会导致中毒。皮肤不正常的黄色会在2—6周内自行消退。

冷知识：也许你会奇怪，为什么会有这么多人存在BCMO1基因缺陷呢？答案或许是因为这个基因没有那么重要。如果一个人的基因缺陷会使他在很小的时候夭折，那他就不可能通过生儿育女的方式把这个基因缺陷传递下去。人类是杂食性动物，常常能够从肉类中摄取足够的维生素A，所以是不是能够很好地转化植物中的胡萝卜素，也就没有那么生死攸关啦。

稀奇古怪的病

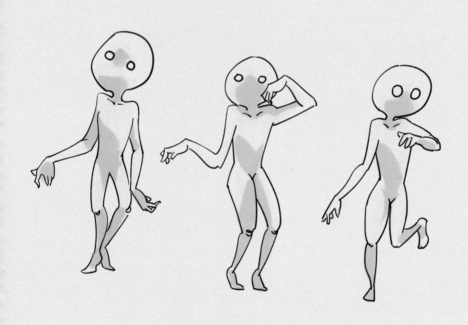

爱因斯坦的头发

你见过爱因斯坦的照片吗？如果见过的话，你一定有一个连老师都无法回答的疑问：爱因斯坦为什么要梳一个爆炸头呢？

真相出乎意料。这可不是爱因斯坦追求非主流的时尚，也不是因为他的理发师审美异常，而是爱因斯坦的头发天生就是那样的！

这听上去很不可思议。不过在我解释这个问题之前，你不妨先从自己的脑袋上拔下一根头发，放到放大镜下看一看。如果你是亚洲人，那么你的头发大概率是黑色的直发，并且头发的横截面是圆形的。

不过，并非所有人的头发都是如此。许多欧洲人的头发天生是卷的，他们头发的横截面往往是椭圆形。而许多非洲人的头发卷曲得像弹簧一样，他们头发的横截面是一个更扁的椭圆形。

爱因斯坦的头发还要更夸张一些，根据推测，他头发的横截面在显微镜下很有可能是心形或者三角形的，并且还带有纵向的纹理和凹槽。这种奇怪的头发结构使得头发不能整整齐齐地排列在一起，因而无论怎么梳都呈现出爆炸效果。此外，凹槽和纹理还改变了光线的反射，使得头发看上去闪闪发光（听上去似乎很不错）。

截至2016年，全球大约只发现了100例这样奇特的发型。人们把这种特殊的发型命名为"难梳头发综合征"。事实上，除了头发怎么梳都是乱蓬蓬的以外，这些人一切正常！

好奇的科学家们经过研究，发现这种"难梳头发综合征"

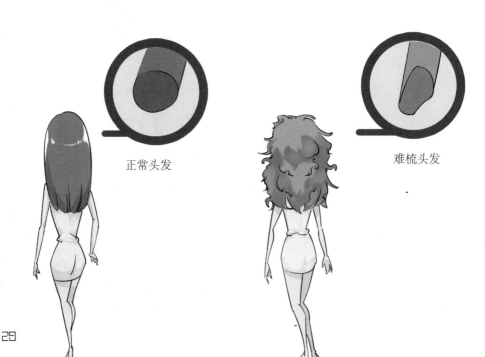

正常头发　　　　　　　　　　　　　　　难梳头发

居然是一种常染色体显性遗传病。当人体中影响头发特征的基因出现功能异常时，赋予头发形状和功能的蛋白质就会出现结构异常。这样一来，头发的形状也就发生了变化啦。

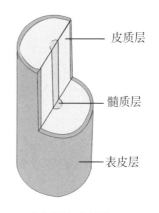

头发结构示意图

冷知识：你知道吗，头发的主要成分是角蛋白，此外还含有水分、脂质、色素和微量元素等。从外到内，头发共分三层：外层是鱼鳞状的表皮层，遇到温水或碱性物质时会膨胀。

头发横断面

表皮层里面是蛋白质和色素构成的皮质层，这是决定头发弹性、韧性和颜色的一层。头发最内部称为髓质层，是疏松的中心轴，但并不是所有头发都有髓质层。

抵抗疟疾的贫血

你知道中国第一位获得诺贝尔奖的女科学家是谁吗？我相信你一定能大声地说出她的名字，没错，她就是屠呦呦。屠呦呦因发现了青蒿素对疟疾有很好的疗效而获得了2015年的诺贝尔生理学或医学奖。

对于生活在中国城市中的人来说，疟疾似乎是个遥远的名词。不过实际上，人类从很久以前就开始了与疟疾的斗争，并且至今尚未取胜。在西方，古罗马时期就已经有了关于疟疾的记载。在中国，东汉时期的医学著作《神农本草经》也已记载了治疗疟疾的药物。值得一提的是，屠呦呦使用青蒿素治疗疟疾的灵感正是来自古代医学著作《肘后备急方》中"青蒿一握，以水二升渍，绞取汁，尽服之"的记载。

在疟疾传播过程中，有两个关键

角色：疟原虫和按蚊——疟原虫寄生在人体的血细胞中，随后又通过按蚊的叮咬传播给其他人。感染了疟疾的人，全身周期性地发冷、发热、多汗，长期多次发作后，还会引起贫血和脾肿大。

非洲、东南亚和中南美洲的许多地区环境潮湿、闷热，十分适合按蚊繁殖，因此这些地方也是疟疾的高发地带。据世界卫生组织 (WHO) 估计，全球 102 个国家和地区约 20 亿人口处于疟疾流行区域。疟疾不仅造成每年约 100 万人死亡，也是这些地区无法有效发展经济的重要元凶。

实际上，人类与按蚊和疟原虫的斗争远比医书记载得更为久远，也更为惨烈，甚至在人类还处于"原始人"阶段时，斗争就已经开始了。疟疾攸关个人的生死和种群的延续，因此也成了人类进化的主要动力之一。这种斗争使人类进化出了更能适应疟疾的基因，包括多种与血液相关的变异和抗蚊虫的气味，它甚至改变了我们对于食物的选择。

为了抵抗疟疾生存下去，人类付出了高昂的健康代价。一些改变了人体正常生理功能的基因突变，因为具有抵抗疟疾的效果而开始频繁出现。G6PD 基因缺乏症、地中海贫血等基因"缺陷"的出现在地理上与疟疾的分布高度重合。

"蚕豆病"是一种由于 *G6PD* 基因缺陷而产生的疾病，表现为食用蚕豆后引发急性溶血性贫血。但在恶性疟疾流行的地区，*G6PD* 基因的缺陷反而成了一种优势。同样是感染疟疾，*G6PD* 基因缺乏症病人的平均红内期原虫密度较低，在面对疟疾时有更好的生存优势。

经常发生疟疾的地区，还广泛地分布着另一种基因缺陷。这种缺陷会导致 α－地中海贫血。患有重型地中海贫血的孩子很难存活到成年。但是中度和轻度的患者反而因为降低了患上恶性疟疾的相对风险而更容易存活下来。与此类似，镰刀型细胞贫血症患者得恶性疟疾的风险只有正常人的29%—56%。

伤敌一千，自损八百。这些基因突变虽然帮助人类抵抗疟疾，却引发新的问题——贫血、黄疸、肝脾大、生长迟缓、溶血，甚至导致胎儿或儿童的死亡。在疟疾高发地区，不仅防治疟疾的工作不能放松，地中海贫血、镰刀细胞贫血和蚕豆病的防治和遗传筛查也很重要。

冷知识：科学家们认为，有超过 100 种微小的基因差异能够导致与红细胞代谢相关的某种蛋白质缺失，使得疟原虫难以侵入红细胞，提高了人类抵抗这种瘟疫的能力。不过，就目前看来，短期内要想战胜按蚊和疟原虫依然艰巨。因为蚊子和疟原虫也在进化，不断出现更强大的繁殖能力和抗药性，并且其进化似乎比人类更胜一筹。

皇室的怪病

你知道维多利亚女王吗？这可是一位鼎鼎有名的女王。她出生于 1819 年，18 岁那年继位成为英国女王，然后在这个"岗位"工作了 64 年（在英国历史上，只有现在的女王伊丽莎白二世比她在位"工作"的时间更久）。在她的统治之下，英国的经济、文化空前繁荣。可以毫不夸张地说，维多利亚时代是英国最强盛的"日不落帝国"时期。

不过，维多利亚女王身体里潜伏着的缺陷基因，给她的子女以及欧洲皇室都埋下了危险的"炸药桶"，甚至还影响了整个欧洲未来的命运。是不是很不可思议？

维多利亚女王本人身材不高（据说只有 152 厘米），相貌也不很出众。不过，她和丈夫阿尔伯特亲王非常恩爱，足足生育了 9 个子女。考虑到她还活到了 82 岁高龄，所以她本人一定是相当健康的。

但是她的几个子女却没有那么幸运了。女王的第 8 个孩子，也就是她的第 4 个儿子利奥波德·乔治·艾伯特很小的时候就表现出和其他孩子明显的不同——他患有一种叫作"血友病"的怪病，身上只要有一个小小的伤口，就会流血不止。走远路、爬楼梯、踢球，或者稍有擦伤、咬伤，都可能让他有生命危险。

不得已，女王只好让利奥波德时时刻刻待在家里，保护着他，让他免受任何磕碰。在细致的呵护下，利奥波德终于成年了，还娶了德国公主海伦·弗雷德里克·奥古斯塔为妻。不过，31 岁那年，利奥波德前往气候宜人的法国戛纳过冬，却不小心在度假别墅的游艇夜总会滑了一跤，膝关节受了伤——第二天早晨他就离开了人世。

除此之外，女王的其他 8 个子女看上去都很健康。她的第二个孩子，也就是大儿子爱德华·艾伯特后来继承了王位，成了爱德华七世。女王的女儿们也都十分美丽，欧洲其他王室纷纷求娶。

大女儿维多利亚公主嫁给了普鲁士王储，后来的腓特烈三世，生下了 4 女 4 子，其中就有赫赫有名的德意志帝国威廉二世。

二女儿爱丽丝公主嫁给了黑森和莱茵河畔大公路德维希四世，生下 5 女 2 子，后来这些女儿们又嫁到了瑞典、英国、俄国的皇室。

三女儿海伦娜公主嫁给了石勒苏益格－荷尔斯泰因的克里斯蒂安王子，生下了 4 女 2 子。

四女儿路易丝公主嫁给英国阿盖尔九世公爵，后

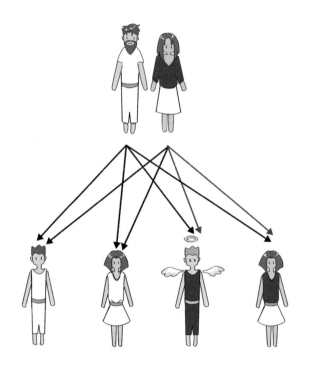

来的加拿大总督，不过没有生下子女。

最小的五女儿阿特丽思公主嫁给巴登堡的亨利王子，生下了3子1女，后来阿特丽思的女儿又成了西班牙王后。

女王的后代遍布欧洲各个皇室，她也被称为"欧洲祖母"。不过也正是因为这些通婚，欧洲皇室中也出现了许多和利奥波德一样的"血友病"病例。阿特丽思公主的两个儿子患有此病，而阿特丽思的女儿埃娜嫁给了西班牙国王阿方索十三世，生下的王位继承人也有同样的疾病。

维多利亚女王的二女儿爱丽丝公主也携带了血友病的基因，她的儿子弗里德里克3岁时，耳朵受了一点轻伤就流血不止，好不容易才止了血。几个月后，他又在玩耍时不慎跌倒，

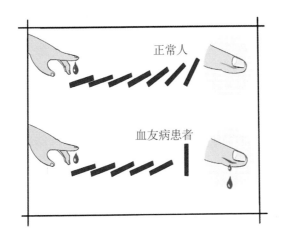

正常人

血友病患者

几个小时后就因为大出血而告别了人世。而她的女儿伊琳娜和亚历珊德拉虽然本身是健康的，却把血友病的基因传到了德国和俄国皇室。

亚历珊德拉的丈夫是俄国沙皇尼古拉二世，1904年生下了唯一的儿子阿列克谢·尼古拉耶维奇。作为王储，阿列克谢却在刚出生几个月时就表现出了血友病的症状——肚脐出血，手臂或者腿部稍一碰就会留下暗红色的内出血肿块。更糟糕的是，关节内出血使得皇子阿列克谢的身体极度疼痛，甚至不能正常行动。一位叫作拉斯普京的"先知"能够缓解阿列克谢的痛苦，因此受到了沙皇和皇后的信任，最后甚至国家大事都要征求他的意见。后来，一批激进人士枪杀了拉斯普京——从某种程度上促进了俄国革命。

冷知识：有许多种基因缺陷可以导致血友病，维多利亚女王携带的是"甲型血友病"致病基因。这个基因位于 X 染色体上。男性只有一条 X 染色体，因此男性只要携带了致病基因就一定会发病，而女性有两条 X 染色体，只要其中有一条是正常的，就不会发病。正因如此，所有患上血友病的皇室成员都是男性，而看着健康的女性"携带者"却把这种致病基因传给了后代。

正常人的血管破裂后，血小板会凝集，并堵住破损位置，达到止血的目的。患有甲型血友病的人，身体里面缺少"凝血因子 VIII"，因此血管破裂后会流血不止。除了身体表面的流血外，他们的关节、肌肉和组织内部也会出血，严重的内出血还会导致死亡。

泡泡男孩

住在一个泡泡里是什么感觉呢？如果住在泡泡里的同时，还能拥有一件美国国家航空航天局（NASA）特制的太空服，是不是更酷了？下面要讲的故事，主角就是这样的一个小男孩。不过，这可不是什么奇幻冒险故事，而是一个真实发生过的、略带伤感的医学故事。

1971 年，一个名叫大卫·维特尔的小男孩出生在美国休斯敦市的德州儿童医院。他的妈妈还没来得及抱抱他，大卫就被送进了一个特殊的塑料气泡里。并且，从出生到死去，他几乎所有的时间都住在这个奇怪的气泡里。

你一定会问，为什么呢？难道这个气泡是用来保护他的结界吗？没错，在大卫还没出生的时候，医生就发现他可能患有一种非常罕见的怪病——重症综合性免疫缺陷（SCID）。顾名思义，得了这种病的人，免疫系统会发生严重的缺陷。

我们每天呼吸的空气、接触的物品和吃的食物都含有一些微生物（即使我们非常爱干净，每天不停地打扫卫生，这还是不可避免）。不过，只要我们的免疫系统能够正常工作，就可以出动一支"免疫细胞军队"来识别并且消灭这些敌人。

但是对于大卫来说，他的"免疫细胞军队"无法发挥作用，因此任何外来的细菌、病毒都会要了他的命。为了让大卫能够健康地长大，医生们只好让他住进一个完全无菌的气泡中。

大卫每天呼吸的空气、吃的食物、玩的玩具，甚至是穿的衣服和纸尿裤都必须经过严格的消毒才能被送入这个气泡。护理他的医护人员身上也可能带有病菌，所以也不能直接接触他，而是需要隔着气泡用厚厚的塑胶手套给他穿衣、喂食。

和医生们设想的一样，没有了细菌和病毒的攻击，大卫顺利地成长着。可是随着大卫逐渐长大，又有新的问题产生，他意识到原来在泡泡外面还有另一个世界，他很想出去看看。这一点都不难理解，如果你被迫一直待在同一个房间里，也会被憋坏的，对吧？

为了满足大卫的这个愿望，NASA 为他定制了一套宇航服——真正的宇航服。6 岁那年，大卫穿上了这套宇航服，第一次离开了他的气泡，看到了外面的世界。他的妈妈也第一次把他抱在怀里。

不过，想穿上这套宇航服并不容易。和宇航员出舱一样，宇航服和气泡要经过24 个严密的对接步骤才能保障无菌，而穿

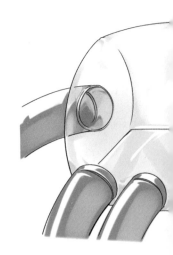

衣服的过程也足有28个步骤。所以这件宇航服，大卫总共只穿过7次。

在大卫刚刚出生的时候，德州儿童医院的医生们曾经乐观地认为很快就能找到治疗免疫缺陷的方法，大卫只需要在泡泡里住上一两年。可是直到大卫10岁的时候，他们还对此束手无策。

大卫意识到自己可能永远都没有办法和正常人一样生活时，他既愤怒又抑郁，并且非常焦虑。12岁那年，大卫的家人了解到有一种新方法可以在骨髓并不完全匹配的情况下进行骨髓移植手术，决定冒险一试。如果手术成功，那么大卫就可以拥有真正的免疫系统，过上正常人的生活。

大卫的姐姐凯瑟琳捐出了自己的骨髓。手术成功，大卫也感觉不错。不幸的是，姐姐的骨髓中含有一种休眠的病毒，医生们在手术前没有检查出来。随后，大卫身上长出了许多淋巴瘤，4个月后他去世了。

这个生活在泡泡里的男孩，一共只活了12年。在这之后，医生们一直没

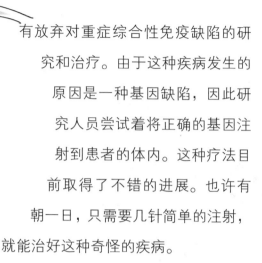

有放弃对重症综合性免疫缺陷的研究和治疗。由于这种疾病发生的原因是一种基因缺陷，因此研究人员尝试着将正确的基因注射到患者的体内。这种疗法目前取得了不错的进展。也许有朝一日，只需要几针简单的注射，就能治好这种奇怪的疾病。

　　冷知识：为什么大卫还没出生的时候，医生就知道他可能会生病？大卫所患的重症综合性免疫缺陷（SCID-X1）是一种 X 染色体连锁隐性遗传病，只会影响男孩。大卫妈妈的 X 染色体上携带着一个有问题的基因突变，她自己并不会发病，但是如果把这个突变传给了儿子，就有可能导致疾病。大卫有个哥哥（也叫大卫），患有同样的疾病，7 个月的时候就因为感染夭折了。因此在大卫出生前，医生就告诉他的母亲她怀的是一个男孩，患这种疾病的概率是 50%。

停不下来的舞蹈

　　安徒生童话里有一篇《红舞鞋》的故事。一个名叫珈伦的小女孩得到了一双漆皮的红舞鞋，当她穿上这双美丽的鞋子，就会不由自主地跳舞，停也停不下来:

　　她一开始，一双腿就不停地跳起来。这双鞋好像控制住了她的腿似的。她绕着教堂的一角跳，她没有办法停下来。车夫不得不跟在她后面跑，把她抓住，抱进车子里。不过她的一双脚仍在跳，结果她猛烈地踢到那位好心肠的太太身上去了。最后他们脱下她的鞋子;这样，她的腿才算安静下来。

　　······

　　但是当她要向右转的时候，鞋子却向左边跳。当她想要向上走的时候，鞋子却要向下跳，要走下楼梯，一直走到街上，走出城门。她舞着，而且不得不舞，一直舞到黑森林里去。

　　这个故事的恐怖之处在于，红舞鞋使小女孩无法控制自己的行为，不得不一直跳舞。最终，人们砍掉了小女孩的双脚才使她不再受到红舞鞋的控制。

安徒生这个童话的灵感，很有可能是来自真实世界里一些不由自主跳舞的人。不过，故事里的小女孩被砍掉双脚后，就停止了舞蹈，而真实世界里的这群人，一旦开始舞蹈，就再也不能停下。

这种病名叫"亨廷顿舞蹈症"，是一种家族性显性遗传病。患有这种疾病的人，身体会错误地制造一种名为"亨廷顿蛋白质"的有害物质。患有亨廷顿舞蹈症的人，小时候和正常人并没有什么区别——他们健康地长大，成家立业。不过随着"亨廷顿蛋白"不断地累积，所有的症状会逐渐出现，无法扭转、无处可逃。

最初，他们只是出现一些情绪上的异常，比如容易焦虑、生气、抑郁或者情感淡漠。虽然他们的眼睛似乎有些不适，不过这时候人们一般还不能把他们与这种可怕的疾病联系在一起。

再接下来，症状就变得典型且夸张了——他们的身体会逐渐无法保持平衡，容易摔倒，而且好像永远都在跳舞那样扭来扭去，摇摆不定。他们不能控制自己的身体，不能控制自己的动作，不能控制速度和力量。一开始只是不能做穿针引线、夹筷子这些需要"心灵手巧"的动作，随着症状加重，他们最终会连走路都困难。这时候，他们的智力、记忆力、判断力也已经大幅衰减。

最后，疾病会使他们身体僵直，动作迟缓，说话、吞咽都变成难事。这种亨廷顿舞蹈症就像红舞鞋一样，使患上这种疾病的人失去对身体和意识的控制。

虽然现代医学已经发现了导致亨廷顿舞蹈症的致病基因，也对它的发病机理也有了一定的了解，甚至还找到了可以控制、减缓情绪波动和动作问题的药物，不过目前还没有任何方法能够治愈这种疾病。

冷知识：亨廷顿舞蹈症是由亨廷顿基因（HTT）引起的。正常人的亨廷顿基因中有 11—30 个 CAG 重复片段，而亨廷顿舞蹈症患者体内则有 35—100 个，甚至更多。这些片段重复的次数越多，对应的蛋白质形状就会发生改变，并且在神经元内"打结"，从而导致了大脑的逐渐退化。

吸血鬼的由来

你听说过吸血鬼吗？关于他们的故事在欧洲流传了数百年，有人说他们是西方传说中的恶魔之首，许多电影和动画中都有吸血鬼的形象。

典型的吸血鬼大概是这样的：

居住在欧洲某国的古堡中，曾经是欧洲王室成员，非常富有；外表俊美、瘦弱，肤色异常苍白，有尖利的獠牙和指甲；拥有超自然能力，但是害怕阳光（在黑暗中，吸血鬼是永生的，但是一旦见到阳光，就会化为灰烬）；以吸血为生，特别喜欢咬人的脖子，被他吸过血的人也会变成吸血鬼；除了阳光外，吸血鬼还害怕大蒜、十字架和银器；能在夜晚变成蝙蝠。

许多传说都来源于现实，吸血鬼的传说也不例外——他们的原型很可能是奇怪的疾病"先天性卟啉症"的患者。卟啉是一种有着特殊结构的色素，其中原卟啉可以与铁结合，成为血红蛋白。如果这个过程发生异常，那么就会导致血红蛋白无法正常合成，同时中间产物（也就是卟啉类物质）在体内大量累积，成为卟啉症。

吸血鬼形象中的许多特点，正是卟啉症患者的症状：

苍白、毫无血色的面容：卟啉症患者不能正常合成血红蛋白，因此会出现贫血的症状，其中表现就包括毫无血色的面容。

昼伏夜出的生活习性：卟啉症患者的皮肤中累积了高浓度的卟啉，而阳光中的紫外线会使其发生化学反应，这就导致他们的皮肤一旦照射到阳光就会溃烂、起泡、疼痛不已。所以即使是阴天，卟啉症患者也不能外出活动。这就养成了他们"昼伏夜出"的神秘生活方式。

尖利的獠牙和指甲：紫外线照射下，卟啉的化学反应产物使得牙龈萎缩、手指关节变形，牙齿和指甲因此看上去尖利无比。

吸血：由于不能正常合成血红蛋白，所以患有卟啉症的人需要通过输血来缓解贫血的症状，并且输血带来的额外血红蛋白也有助于抑制体内卟啉的过度累积，从而缓解症状。有趣的是，血红蛋白是可以通过肠道吸收的，因此理论上讲，饮血确实能够帮助卟

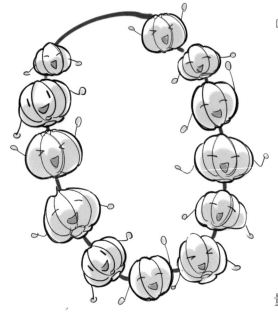

啉症患者。也许在输血疗法还没有被发明之前，某个富有而神秘的卟啉症患者确实靠饮血来延续生命。

害怕大蒜：含硫量高的食物可能会加剧卟啉症的症状，因此卟啉症患者需要避免含硫量高的食物——而大蒜正是其中一种。

疯狂：体内过高的卟啉含量会造成精神症状，包括烦躁不安、情绪激动、惊恐、抽搐、躁狂、幻觉、妄想、视物不清以及面部或肢体的瘫痪等。想象一下露出獠牙、渴望饮血的卟啉症患者精神病症状发作的样子，确实挺可怕的。据说，英国的"疯子国王"乔治三世正是一位疯狂的卟啉症患者。

不死之身：虽然传说中吸血鬼有着不死之身，但实际上卟啉症患者的寿命都很短。只是由于毒素的作用，他们的耳朵、鼻子常被腐蚀，皮肤上也会布满瘢痕，看上去格外苍老，像是传说中的不死之身。

据说，早在古希腊时期，名医希波克拉底首先认识到卟啉症这种疾病。不过，卟啉症患者十分罕见，症状又十分可怕诡异，所以以讹传讹就演化出了吸血鬼的形象。当然，卟啉症患者不能变成蝙蝠，并且更重要的是，被患有卟啉症的人咬一口，不会让你也成为卟啉症患者，更不会让你变成吸血鬼。

冷知识：卟啉症通常是由于基因突变所导致的。不过饮酒、环境污染、精神刺激和药物因素也可能诱发这种疾病。20世纪50年代，土耳其约有4000人在食用了喷洒过"六氯苯"（一种除真菌剂）的食物后出现了卟啉症症状，最终造成上百人死亡。于是，六氯苯在全世界范围内被禁用了。

辈子只能吃素

如果有一天，你被剥夺了吃猪、牛、羊、鸡、鱼等各种肉类的权利，会不会难受得抓狂呢？你是否能够想象，有些人一出生就被告知一辈子不能吃肉？他们又会过着什么样的生活呢？

珍妮·肯尼就是这样。在肯尼刚出生的时候，医生就告诉她的父母：她必须一辈子严格地执行低蛋白饮食——鸡鸭鱼肉、蛋奶虾蟹，一样也不能沾。如果不能很好地控制饮食，她的精神会出现严重问题。

直到上大学前，肯尼都严格贯彻这种"正确的"饮食方式。不过进入大学后，她"放飞"了自我。大学二年级时，她几乎没有吃过一口蔬菜，总是吃快餐。几乎每个大学生都这么干——嚷嚷着要健康饮食、每天运动，结果却每周吃3次自助餐。对别人来说，这只是在肚子上增加少许赘肉，但对肯尼来说，"放飞自我"带来的苯丙氨酸（Phe）升高会令她产生高血压、高血脂、抑郁焦虑和其他许多问题。这个"教训"使她不得不又一次回到严格的"素食"中来。

相比之下，"不吃肉"的中国小伙鹏鹏远不像肯尼这么乐观活跃，他没有参加过任何朋友或同学聚会，也从没在学校里吃过一顿饭。他说："这么多年了，对那些正常人吃的饭菜也不是很馋了。"

还是个婴儿的浩浩不能喝母乳，也不能喝普通奶粉，只能喝一种不含苯丙氨酸的特殊奶粉。这种奶粉很腥，即使成年人都很难忍受，却是浩浩出生头几个月内唯一的食物。因为特殊奶粉的味道，浩浩越来越抗拒，总是用大哭大叫、咬紧牙关等方式抗议。饮食的限制使浩浩的发育有些落后，明显比同龄人个头小、头发稀。

肯尼、鹏鹏和浩浩有一个共同的名字：苯丙酮尿症患者。苯丙酮尿症（PKU）是一种先天性代谢障碍，由基因缺陷导致的。患有这种疾病的孩子，随着血液、脑脊液和组织液中

苯丙氨酸及旁路代谢物浓度的升高，脑细胞将受损。

在过去，许多 PKU 患者没有得到及时诊断。等待他们的是逐渐升高的苯丙氨酸、雪白的皮肤、稀黄的头发、带有鼠臭味的尿液，还有日益严重的脑损伤。不过，避免这些后果的方法也非常简单：及时诊断，然后从此控制饮食。

随着新生儿筛查的逐渐普及，许多 PKU 患儿在出生不久后得到了及时诊断，专为这些患儿研制的特殊奶粉、特殊食品也逐渐被生产出来。相比于那些错过治疗的孩子，他们无疑是幸福的，可以像普通人一样成长、发育、学习、就业、生儿育女。可是相比于普通孩子，他们又必须忍受严格的饮食控制、昂贵的"特食"和与别人"格格不入"的进食习惯。

要不要试一下一个星期不吃肉，体验一下 PKU 患者的特殊菜谱？

长手长脚但是寿命不长

谁不希望自己身材高大，成为篮球、排球场上叱咤风云的人物呢？殊不知，许多因为身高优势被选入篮球队、排球队的运动员，身上却隐藏着致命的风险。

出生于篮球世家，参加过NBA训练营、身高2.18米的张佳迪；身高2.12米，曾经在辽宁东进队担当主力的武强；身高1.96米的美国女排名将海曼；身高2.04米的中国排球名将朱刚；身高超过2米的国家队男篮中锋韩鹏山……

熟悉篮球和排球运动的人可能已经知道了，这些运动员最终都悲剧性地早逝：张佳迪24岁死于心脏病突发；武强在训练时胸口疼痛，抢救无效；海曼31岁时倒在球场上；朱刚30岁倒在训练场上；而韩鹏山，在火车到站取行李时，突发胸痛倒地，来不及治疗就去世了。

为什么这些高个子的运动员命运如此相似？原来，他们患有同一种遗传病——"马方综合征"。这是一种显性遗传病，

大约每 10 万个中国人中就有 17 人患这种疾病。这种疾病最显著的症状就是患者们瘦长的身材和修长的手指、脚趾——有人形容他们的手指是"蜘蛛指"，你可以想象一下那得多长。

除了身材修长外，许多马方综合征的患者小时候并没有表现出什么明显的异常，这使得他们很容易受到偏爱高个子的篮球、排球队的青睐。不过，实际上这些人的纤维蛋白基因存在缺陷，影响到了结缔组织。有人把结缔组织比喻成黏合身体的"胶水"。"胶水"出了问题，那么骨骼、肌肉、眼睛和心血管等多个系统都会受到影响。

有时候，马方综合征患者能做到一些常人做不到的事情，比如，当他们双手下垂的时候，手指能够超过膝盖；当他们的手指往后掰的时候，可以掰到一个不可思议的角度。这恰恰是由于他们结缔组织异常所导致的关节过度伸展。如果症状严重，马方综合征患者还会出现肌肉无力、身体畸形、高度近视、视网膜剥离等问题。

脆弱的结缔组织同样影响着他们的心血管，使得血管格外脆弱。受损、变薄的主动脉血管内膜在高速、高压的血流冲击下随时可能被撕开一道裂口、发生分离。这时就会出现名为"主动脉夹层"的危险情况——好比一件衣服的外层和内层之间被撕开了一道口子，出现了夹层。血流进夹层中，口子会越撕越大。当夹层承受不住动脉内的压力而破裂，就会发生大出血，病人在几分钟之内就会休克、死亡。

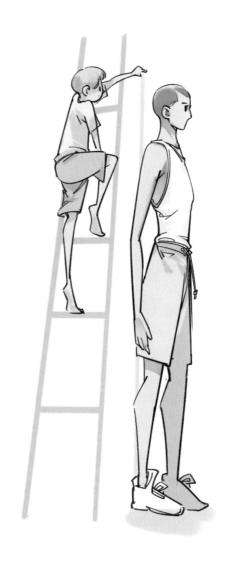

这种心血管病变像是悬在马方综合征的患者头上的"达摩克利斯之剑"，随时可能要了他们的性命。有研究表明，大约 1/3 的马方综合征患者死于 32 岁前，另 2/3 则死于 50 岁前后，而心血管病变正是他们死亡的主要原因。所以一旦被诊断出患有马方综合征，病人就需要立刻进行手术，并且不能再进行剧烈的体育运动——对于许多从小因为身高而进入运动队的患者来说，这等于是宣判了他们运动生涯的死刑。

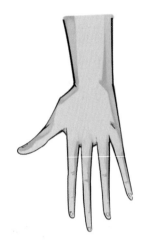

　　根据历史资料的描述，许多名人身上也有符合马方综合征的症状，比如天才小提琴家帕格尼尼，由于拥有修长的手指而可以演奏极高难度的小提琴曲。美国总统林肯、苏格兰的玛丽皇后也有可能是马方综合征患者。《三国志》中对刘备"帝王之相"的描述，"身长七尺五寸，垂手下膝，顾自见其耳"，也符合马方综合征的特点。所以，这也许还是个"皇帝病"呢。

　　冷知识：遗传学研究已经定位了马方综合征的致病基因——原纤维蛋白基因 FNB1。这种疾病属于"显性遗传病"，因此马方综合征的患者有一半的概率会把致病基因传递给下一代。不过，有 15%—30% 的患者的致病基因并不是来自父母，而是源于自发的突变。这种自发突变发生的概率约为 1/20 000。目前，遗传学家们已经发现了超过 1800 种与马方综合征相关的突变，它们被记录在一个专门的数据库中。

我爱学习

记忆是把双刃剑

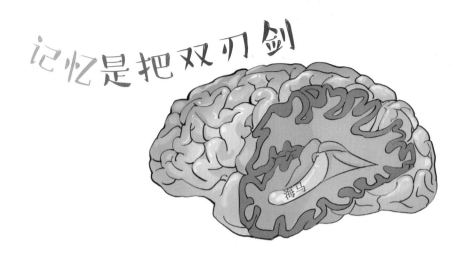

海马

你想要拥有出色的记忆力吗？毫不费力地记住复杂的公式、大量的单词，这听起来是不是棒极了。不过，有时候记忆力太好也不是件好事哦。

我们经常在查询并拨打某个电话号码（比如订餐电话）的几分钟后，就把这个号码忘得一干二净，像这样只在脑海中停留很短时间的记忆被称为短时记忆。而一些特殊的场景，比如童年的一次尴尬，青春期的第一次怦然心动，或者一次令人绝望的争吵，在多年后回忆仍宛若刚发生时那样清晰。这些被称为"情景记忆"的长时记忆能将某一时间、某一地点或某一事件的亲身经历清晰地保存多年。

情景记忆对学习非常重要。当我们还是幼童时，通过有趣

的图片、故事、游戏场景来记住无趣的字符、数字，这正是情景记忆的作用。所以若拥有超凡的情景记忆能力，学习起来一定事半功倍。

不过，被记住的场景并不都是美好的，也有不那么愉快的。在孩童的成长经历中，难免包含一些这样的场景：上幼儿园时不得不与父母分离，雷雨天时受到惊吓，还有被批评、被拒绝、被误解，甚至遭遇战争、恐怖袭击、暴力等。

如果这些不太美好的记忆很快被遗忘，那么就不会对儿童造成负担。可是如果这些场景在脑海中挥之不去，则可能成为内心的梦魇——极端一些的例子，例如遭遇暴力、性侵、恐怖袭击等事件后，一部分人甚至会患上创伤应激障碍（PTSD），出现性格大变、失眠、噩梦、易怒、易受惊吓、过度警觉、逃避、麻木等症状。可见，记忆是把双刃剑。

要了解记忆背后的生理机制，就不得不提到一种叫作KIBRA的蛋白，全称是肾脑表达蛋白——这种蛋白在健康人的记忆相关脑区，例如海马体和颞叶中。作为神经元细胞骨架的一部分，KIBRA参与记忆形成和脑的发育，对记忆可塑性有着重要的作用。

KIBRA蛋白基因上的变异，可以影响人的认知——特别是情景记忆的能力。在KIBRA蛋白基因上携带了T等位基因的人拥有更大的海马体体积，情景记忆的能力也较强。

　　不过，福兮祸所伏。科学家们观察到在创伤后应激障碍的患者中普遍有海马体增大的特点，这也使得他们将 KIBRA 蛋白基因与 PTSD 联系在一起。更糟糕的是，KIBRA 这个记忆开关还与精神分裂症、抑郁症、双相情感障碍、多动症、注意力缺失和自闭症等一系列精神问题脱不了干系。现在，你还羡慕那些记忆力超凡的大脑吗？

　　冷知识：KIBRA 蛋白基因的表达是随着年龄的增加而递减的，因此一些随着年龄增加而出现的记忆问题也被认为与这个基因有关。例如，对比阿尔茨海默病患者和健康人，人们发现在 KIBRA 蛋白基因 上携带了 C 等位基因的人认知功能明显降低，因此认为这一基因与阿尔茨海默病患者情景记忆损害有着很强的关联，但其神经作用机制目前并不清楚。

你是坏孩子吗

你是一个什么样的孩子呢？是乖巧、懂事的"别人家的孩子"，还是令父母、老师头疼的破坏大王？你是否曾经疑惑，你的脾气到底是遗传自谁？还是说，是父母、学校的教育影响了你的性格呢？

关于孩子的性格到底取决于什么的争议由来已久。支持"天性"的人认为，即使刚刚出生的婴儿，也有着明显的性格特征。例如有些婴儿整天吃睡，一派无忧无虑的天使模样；有些婴儿则稍有不满就号啕大哭，是令新手父母们难以招架的"恶魔宝宝"。刚出生的婴儿几乎没有受到家庭和环境的影响，因此这些差异也必然就是"娘胎里带来的"。而支持环境影响论的人，往往能够举出更多例子：应试教育扼杀了孩子的创造力，溺爱、单亲等家庭环境对孩子造成负面影响……心理学、教育学也往往把关注点聚焦在后天成因上。实际上，这两种观点都对，也都不完全对。你之所以成为你，既是因为你有独一无二的遗传基因，也是环境和过去的经历造就了你。而你的行为表现方式，就是你的气质。

儿科专家认为，在你的气质中，有30%—50%的影响来自遗传基因。不过，这并非某个特定基因的影响，而是许多基因共同作用的结果，其中每个遗传基因都起到了小而明确的作用。例如，我们的大脑中有一种神经传导物质叫作多巴胺，可以影响人的情绪，爱情之所以令人沉醉，毒品和酒精之所以令人上瘾，正是因为在这些过程中，多巴胺的分泌给人带来了难以抵抗的快感。

你性格当中的"冒险精神"也与多巴胺有关。冒险行为本身是一个决策的过程。当遇到需要进行抉择的局面时，如果你总是偏向那个全新的选择，那么无疑你就是一个非常具有冒险精神的人；而如果你更倾向于那个早就熟悉的决策，那么你就不太可能是个"好奇宝宝"。事实上，帕金森病患者就会由于多巴胺水平的严重不足而导致冒险精神和创造力大大降低。科学家通过实验发现，如果人为地使猴子大脑中的多巴胺水平上升，那么猴子也会更倾向于做出全新的选择。

多巴胺的传导和作用离不开多巴胺受体，编码这种受体的 DRD4 基因如果发生变化，就会在一定程度上影响这个过程。例如，这个基因上携带了 C 基因的

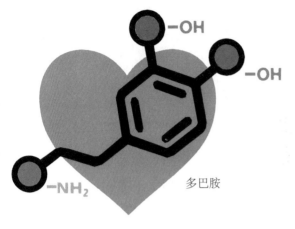

多巴胺

人，多巴胺受体转录的效率较高，多巴胺受体相应也较多。这会使你更倾向于那个全新的选项。这个基因上还有一种名为"DRD4-7R"的变异类型，也有着类似的作用效果。

20世纪90年代，专家们招募了139例新生儿，在他们出生、4岁、8岁时分别进行随访，并通过量表进行儿童气质评价。专家们发现，在婴儿期时，这些宝宝的某些气质特征与多巴胺受体基因存在显著关联，而在学龄期儿童中，虽然孩子们的气质与基因仍有一定联系，但此时差异并不显著。

也就是说，当你还是1个月的婴儿时，你的气质主要受遗传因素影响，而从第5个月开始，家庭和环境的影响开始慢慢地改变你的性格。现在，你已经逐渐长大，更是可以通过自身的努力来打磨自己的性格。

需要说明的是，人的气质千差万别，但并没有高下之分。如果你是爱学习的乖宝宝，那么当然很好。可是如果你是携带了"冒险基因"的孩子，那么可能你的内心相对更为敏感躁动，更可能沾染不良习性。但反过来，你也比一般人更勇于尝试，更可能取得令人瞩目的成就。传说，成就显赫的肯尼迪家族就有着这样的基因呢！

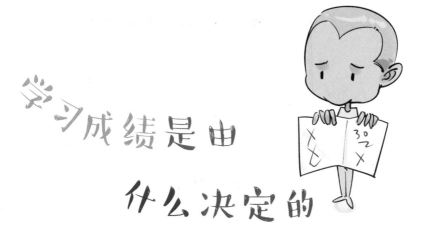

学习成绩是由什么决定的

我们现在要讨论一个有点扫兴的话题：成绩。你的学习成绩如何，有没有令父母操心呢？你有没有想过这样一个问题：学习成绩的好坏与什么有关呢？你还别说，科学家们真的认真地研究了这个问题。

早在 100 多年前的 1904 年，法国教育部首次编制了智力测验，想要以此筛查出学习困难和智力低下的儿童，好让他们接受特殊教育。这里的学习困难是指那些学习成绩特别不好、几乎不能正常理解书上内容和老师所教的课程，并且考试成绩低到令人发指的学生。

你的周围也可能有这样的同学，他们也许经常被老师批评，或者被贴上"脑子笨、不用功"的标签。不过，法国教育部的测验结果却指出：学习困难和"脑子笨"

（智力低下）并不能画等号，即使智力正常的孩子也可能出现严重的学习困难。

目前教育专家普遍认为，学习困难指的是有适当的学习机会（不是因贫辍学），但由于环境、心理或个体素质等方面的原因，导致学习技能的获得或发展出现障碍，经常性学业成绩明显落后一年以上的学龄儿童。需要说明的是，这些儿童大多不"笨"，智商至少在 70 以上。根据美国的统计数字，约 20% 的儿童有学习困难。在中国，这个比例为 13.2%—17.4%。

如果智商差异并不是学习困难的决定性因素，那到底什么影响了孩子的学习成绩呢？来自大城市的孩子和来自农村孩子；家境优越的孩子和家境贫困的孩子；父母文化水平较高的孩子和父母文化水平低的孩子，你有没有观察到相对而言都是前者的成绩更加优秀（这当然不是绝对的）？

科学家们的研究结论和你的观察颇为一致。他们认为，造成学习困难的原因有三个：环境、心理和个体素质（包括遗传因素）。从环境来讲，父母的文化水平和职业文化层次都对孩子的学习成绩有明显影响，但是家庭经济条件却没有明显影响（这是来自国外的研究，在中国是否同样如此还有待验证）。

相比经济条件，家庭氛围对于学习成绩影响更大。越是家庭不和睦、矛盾冲突多、情感表达交流少、对文化知识的价值和个人成就不重视，孩子的学习能力就越差——这一点不难理解，如果你的爸爸妈妈总是说读书一点用处都没有，那么你也许也会失去学习的动力。类似地，如果家人对你极端骄纵溺爱或者过于严厉，那么你的情绪也会受到影响，甚至可能会出现心理发育障碍和行为问题，进而影响学习。

还有一些特殊的因素可能影响成绩。比如，因为父母离异而成绩一落千丈、因为讨厌某个老师而厌学，或者学习方

法不对导致的成绩始终无法提高。又或者，如果你只是看书或者机械式地背诵课本内容，而不去理解知识，那这样的"努力"是不可能转化为好的学习成绩的。

当然，不得不说，学习能力在一定程度上也是"天生"的。比如研究人员发现，如果大脑结构出现异常，那么孩子更有可能出现学习困难。不过，遗传因素在学习成绩中的占比只有30%，更多的则是环境因素。所以，下一次你的爸爸妈妈吵架的时候，你可以认真地告诉他们："你们不要吵架了，这样会影响我的学习。"

冷知识：5-羟色胺是大脑皮层和神经突触中的重要神经递质。当基因突变导致5-羟色胺分泌大幅减少，或者当5-羟色胺受体基因上的突变导致5-羟色胺的传递出现异常时，儿童就更有可能发生学习困难或注意缺陷多动障碍。

我爱运动

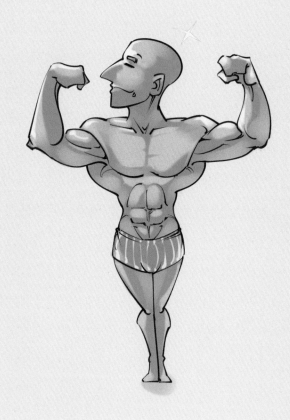

燃烧脂肪的脂肪

胖与瘦真是一个永远都不会过时的话题。你是"怎么吃都吃不胖",还是"喝凉水都会胖"?关于胖瘦有许多说法,其中还有一些不怎么科学的理论,比如:人可以分为"外胚型""中胚型""内胚型"三种,"外胚型"体质的人天生极瘦,而"内胚型"体质的人则天生丰满。

不过,在人体解剖学或者生理学中并没有这种说法,真正影响人胖瘦的,是一种叫作"褐色脂肪组织"的东西。之所以叫作"褐色脂肪组织",是因为它确实有别于"白色脂肪组织"——也就是我们通常所见到的五花肉里那层白白的、油乎乎的减肥杀手。白色脂肪组织的主要作用是储存身体富余的能量,而褐色脂肪组织的作用则是通过氧化脂肪酸来产生热量,维持能量平衡。

如果完全激活,50克褐色脂肪组织就可以消耗人体20%的基础代谢。可想而知,一个人体内的褐色脂肪组织越

多，那么他每日消耗的热量也就越多，因此就更不容易发胖。

一个有趣的事实是：最初研究人员以为褐色脂肪组织只在小型哺乳动物和初生婴儿中才有。直到 2009 年相继发布在《新英格兰医学杂志》的几项研究才证明成人体内也存在褐色脂肪组织，主要分布在锁骨和重要的血管周围。事实上，人到中年发胖，很大程度上就是由于褐色脂肪组织的功能会随着年龄增加而逐渐丧失。

那么这种褐色脂肪组织具体有哪些功能呢？

褐色脂肪组织的第一个功能是在寒冷的时候维持体温。在冷刺激的情况下，这些褐色脂肪组织首先动员脂肪，将大量的能量以热能的形式散发出来，并且通过褐色脂肪组织中丰富的血管输送到身体各个部分。这种褐色脂肪组织产热的能力是肝脏的 60 倍，肌肉的 10 倍，而且这个产热过程发生在肌肉"打冷战"之前。这也是为什么有些瘦子看起来一点儿都不怕冷，总是大冬天只穿短袖，并且居然不打冷战。

褐色脂肪组织的第二个功能是维持人体的能量平衡。通常我们认为，摄入的能量过多时，身体会把富余的能量储存在脂肪中。不过实际上，由于褐色脂肪组织能够消化大量的脂肪酸，并且产生热量，所以这个组织实际上起到了调节作用。当吃的食物多于我们所需的时候，褐色脂肪组织会通过这种方式消耗掉身体认为不需要的多余能量。

也就是说，有些人吃得多还不长胖，就是因为多余的热量会被褐色脂肪组织消耗掉，而不是储存起来。反过来，胖子们的褐色脂肪组织较少，"燃烧脂肪"的能力不足，吃得多就存得多。

有一种理论认为，每个人的体重都维持在一个"设定点"范围内。如果你本身的设定点就比较高，那么即使你通过短期的节食、运动把体重降下来，只要你一旦恢复正常饮食（和减少运动量），那么你的身体很快又会把体重调回这个"设定点"——而这个设定点就与你褐色脂肪组织有关。

冷知识：到底是什么遗传因素造成了人与人之间的产热差异？其中一个因素是 *UCP1* 基因上的一个位点，这个基因编码的蛋白质只在褐色脂肪组织中存在，是"燃烧脂肪"的关键。这个位点上携带了 T 变异的人，不仅基础代谢效率更高、更不怕冷、进食后食物的热效应也更明显，而且体形相对较瘦，增重也较慢。反之，携带了 C 变异的人，"燃烧脂肪"的能力较差，也就更容易胖。

天生大力士

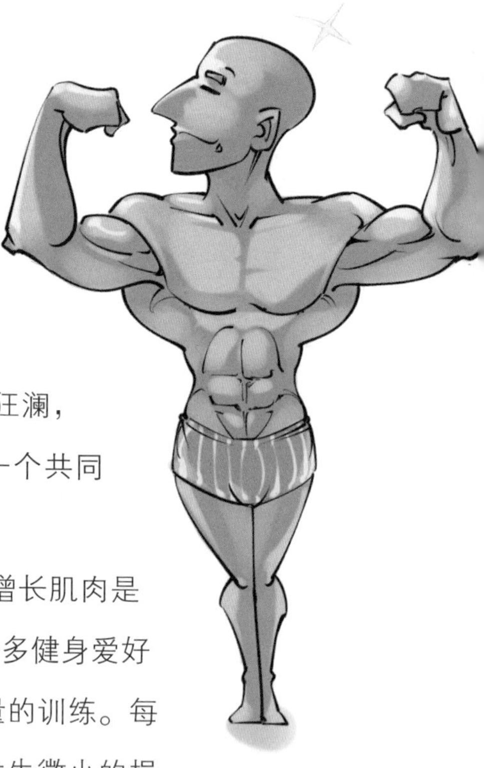

每一个男孩都有一个
超级英雄的梦想——就像
超人、蝙蝠侠，以及无数电影中
的主角那样，在危急关头力挽狂澜，
拯救地球。这些超级英雄都有一个共同
的特点，肌肉强壮、力大无穷。

不过，在现实生活中想要增长肌肉是
一件非常漫长且痛苦的事情。许多健身爱好
者为了增肌，必须经常进行大量的训练。每
次训练时，受到刺激的肌肉会发生微小的损
伤，在恢复的过程中，肌肉得以一点点增长。想要练就　超
人那样的身材，少说也需要持续几年的严格训练和饮食管理。

为什么增长肌肉那么难呢？原来，冥冥中自有一种力量，
阻止我们朝着肌肉爆棚的方向无限延展。而这种力量，恰恰

写在人体使用说明
手册——基因图
谱里。

人体每天都在
消耗能量，体力活动时
消耗得尤其多。这些活动离不开肌肉做
功，肌肉越发达、体重越大、活动强度越大的人，能量消耗
得也就越多。如果用汽车来打比方，那么异常发达的肌肉就
好比马力强大的发动机——虽然动力强劲，可是油耗太大了。
对于普通人而言，汽车只是通勤的代步工具（偶尔开个长途
旅游），不仅用不着这么大的牵引力，也不愿承受大油耗带
来的经济成本。

因此，如同汽车一样，大自然为我们选择了"小排量"模式。
在这种模式下，肌肉固然是人体所必需的，却不能无限增加。
一种肌生成抑制蛋白可以抑制肌肉的分化和生长，而这个蛋
白质由 *MSTN* 基因编码。不仅仅是人类，动物们也普遍（被）
选择了"小排量"模式——猫、狗、猪、牛、鸡、鸭、鱼等
动物的基因里也都明明白白地写着 *MSTN*。

如果这个 *MSTN* 基因发生了突变，肌生成抑制蛋白失去了
抑制肌肉生长的功能，是不是就能无限增长肌肉了呢？

科学家们先在动物身上做了实验，通过基因技术，中韩
科学家联合培育出来了一种"肌肉猪"，这种猪不仅体格大、
肌肉发达，而且全身几乎没有什么脂肪。这种猪肉一旦投放

市场，一定会受到瘦肉爱好者们的追捧吧？

　　类似地，如果人类的 *MSTN* 基因发生了突变，是否能够变成天生的大力士呢？ 2004 年，科学家们报道了一位 *MSTN* 基因突变的婴儿。他在出生的时候，肌肉就已经是普通婴儿的 3 倍，而脂肪只有普通婴儿的一半。这个婴儿 6 个月就能站立，3 岁即可举起 3 千克重的哑铃。而他的母亲，尽管只携带了一条 *MSTN* 基因突变，却也是肌肉力量出色的短跑运动员，他的外祖父，则是能徒手搬起 150 千克石料的工地大力士。

　　这位肌肉发达、天赋异禀的小小大力士，让人忍不住想起了古希腊神话中的大力士海格力斯。传说他还在襁褓中时，就用手捏死了两条想要咬他的毒蛇。也许，古希腊神话中的半人半神海格力斯，也是一位 *MSTN* 基因的突变者？

　　由于 *MSTN* 基因编码的肌生成抑制蛋白具有抑制肌肉生长的功能，而且科学家也已经证明了发生 *MSTN* 突变的人和

动物"肌肉发达"，于是科学家们有了一个大胆的设想：如果能够发明一种物质，阻断肌生成抑制蛋白的功能，那么肌肉是不是就可以不受限制地增长了呢？

　　也许有朝一日这样的生物技术能够实现，不过在此之前，想要拥有超人般的好身材，还是必须通过日复一日的训练才行啊！

天生的马拉松跑者

你是否畏惧体育课的 800、1000 米测验？因为它会让你筋疲力尽，甚至想要呕吐。对于长跑这件事，事实上是有人爱、有人恨。不过，你想过吗？如果自己不擅长长跑，究竟是因为练习不够、意志力不够顽强，还是先天不足呢？

答案出人意料，可能仅仅是因为你缺乏"长跑基因"——*ACTN3* 基因上的一个特定突变。"长跑基因"的发现得益于一群田径金牌获得者们。一群热爱运动的科学家注意到田径冠军的分布竟然也有"地图炮"——短跑项目的男女冠军总是被牙买加、巴巴多斯、古巴等加勒比地区的运动员包揽，而长跑冠军总是青睐埃塞俄比亚、肯尼亚等东北非国家的运动员。

出于好奇，这群科学家决定研究这一现象。他们采集了两组运动员的 DNA 样本，检测对比后发现，在一个名为 *ACTN3* 的基因上，来自两个地区的运动员呈现出明显的基因

分布差异，善于短跑的"力量型"选手在这个基因上呈 CC 型，而擅长长跑的"耐力型"选手在这个基因上往往呈 TT 型。进一步的研究指出，这个 ACTN3 基因编码了肌肉瞬间爆发力的关键——"α–辅肌动蛋白–3"。在人体中，这种辅肌动蛋白能够与 II 类肌纤维结合，使得这些肌纤维的排列井然有序，并在肌肉的收缩过程中起到了一定的调控作用。由于 II 类肌纤维与人类的爆发力有关，ACTN3 基因也被戏称为"运动天赋基因"，所以正常的 ACTN3 基因是与爆发力有关的 CC 型。当 ACTN3 基因发生突变时，出现了呈 TT 型的"长跑基因"。

令研究者们意外的是，"长跑基因"突变在全球人口中的比例竟然高达 16%，而其中绝大多数都是运动能力正常的普通人。科学家们由此认为，人体中的其他一些蛋白质或许起到了"补偿"作用，使得缺乏正常 ACTN3 基因，无法正常编码辅肌动蛋白的人不仅不会丧失运动能力，反而获得了"耐力增加"的额外优势，这没准是我们的祖先从追求速度的狩猎生活逐渐演化为需求耐力的农耕社会时的一种适应。*ACTN3* 基因的突变，也在某些肌肉发育不良的病人中被发现——这些患者的辅肌动蛋白较正常人短了近 1/3。

"长跑基因"的存在，或许在向我们暗示鱼和熊掌不可兼得，提升耐力的代价或许是牺牲部分爆发力。日常生活中，人们的运动量有限，有无"长跑基因"对日常活动几乎没有影响。然而对于长跑、马拉松、竞走等耐力要求较高的运动而言，"长跑基因"对耐力的影响因素也就显现出来。

需要注意的是，没有携带"长跑基因"并不意味着自己不擅长或不能进行长跑，而是说在擅长长跑的人群中，携带"长跑基因"的人的比例更高；而在擅长短跑的人群中，不携带"长跑基因"的人的比例更高。影响一个人跑步成绩的因素很多，体质、心肺功能、训练方式、气候及个人的状态都是不可忽视的因素。

冷知识：有一种假说认为，人类是非常擅长长跑的物种。这种假说找到了许多人类生理学上的证明。

1. 人类有发达的下肢肌肉、富有弹性的肌腱和灵活的腰部，这使得人类在长距离跑步时

能够拥有持久的动力并保持身体平衡。

2.人类可以在奔跑时通过口来呼吸，而其他许多动物不能。

3.人类有很好的散热机制（例如皮肤上的汗腺），这使得人类在长距离奔跑时不至于身体过热。

4.人类的脚趾很短，这对于步行并无益处，但对于跑步却很有帮助。

这种理论认为，通过长距离的奔跑，原始的人类捕获到更多的猎物，从而获得了生存优势。尽管如此，人类却不是耐力最好的物种。极地燕鸥等许多候鸟每年迁徙数万千米，袋鼠、阿拉伯马、雪橇犬等动物的耐力都远胜于人类。

为什么运动后肌肉又酸又痛

运动过后，肌肉又酸又疼的感觉你体会过吗？这种感觉的学名叫作"延迟性肌肉酸痛"，常常发生在进行不适应的高强度运动后的第二、第三天，并且有可能持续一周。回想一下上一次发生这种酸痛的时候，你是不是突然进行了大量的运动呢？

曾经有人认为这种酸痛是运动产生的乳酸在肌肉中堆积所造成的，不过事实并非如此。乳酸通常能够在运动后的24小时内排除干净，而运动性延迟性肌肉酸痛则在运动后2—3天才出现。

事实上，导致这种酸痛的根本原因是运动时骨骼肌的纤维发生了微小的损伤。这种损伤在肌肉进行离心运动时尤其容易发生。如果肌肉本来很少被锻炼到，或者运动量过大、时间过长，那么肌肉就好像被用力拉伸或者反复拉伸的橡皮筋一样，出现细小的裂纹，发生了损伤。一些肌肉细胞中的离子和蛋白质从细胞中渗出，进入血液。也就是在这个时候，血液中可以检测到许多与肌肉相关的特异性指标——肌酸激酶、肌红蛋白、α-肌动蛋白等。

这时，血液中的清道夫（巨噬细胞、溶酶体等）开始出动，把坏的部分清理掉，让新的肌肉长出。新长出来的肌肉会比原先的更强大、更粗壮，可以说是"不破不立"了。

不过凡事过犹不及。如果肌肉损伤的程度远远超出身体恢复的能力，或者尚未恢复就又进行了大强度的运动，造成了进一步的损伤，有可能会导致"运动性横纹肌溶解症"，出现"肌无力""肌痛"和"黑尿"的"三联征"。

虽然运动导致横纹肌溶解的情况极其罕见，但一旦出现就需要立刻到医院急救，因为这种情况十分危急，可能导致死亡。大量肌蛋白进入血液循环时，需要通过肾脏排出体外。分子量过大时，会导致肾脏过滤系统的"堵塞"，引发肾衰竭。破裂的肌肉细胞还分泌出大量钾和酸性物质，引发心脏停搏。

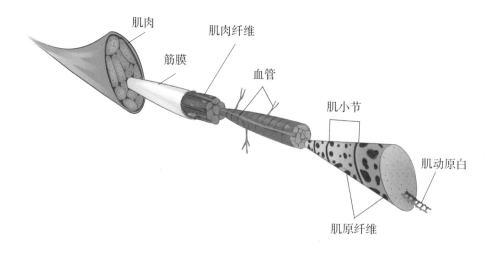

一般来说，肌肉重塑功能较差的老年人、平时不运动的人和已经超负荷运动的人在进行运动后，发生肌肉酸痛的情况较为严重。体育锻炼应该遵循因人而异、循序渐进的原则，并且注意运动后的拉伸和放松，避免出现严重的肌肉酸痛。对于已经发生的酸痛，按摩和补充蛋白质也会有一定帮助。

不同的人诱发延迟性肌肉酸痛和运动性横纹肌溶解症的阈值不一样，这就提示人与人在肌肉是否容易发生损伤、免疫反应的严重程度或修复能力等方面存在遗传的差异。事实上，科学家们已经发现了一系列影响延迟性肌肉酸痛的基因差异。

例如，ACTN3基因是编码 α–肌动蛋白3的基因。这个基因上的一个突变会导致 α–肌动蛋白3无法正常合成。这种变化不会对人的健康造成任何问题，因为另一种 α–肌动蛋白2会相应地增加。但是因为 α–肌动蛋白3是组成快肌纤维必不可缺的物质，有了这种突变的人，体内快肌纤维的占比会减少，慢肌纤维的占比会增加。于是，他们的肌肉含量、力量、爆发力也都相应削弱了，在同样的运动量下，有这种突变的人，更容易发生肌肉酸痛。

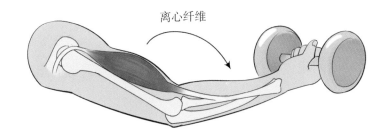

离心纤维

爱运动是天生的吗

　　生命在于运动。科学家及医生也一次又一次地告诉人们运动的好处：运动可以使人形体健美、充满魅力；运动可以使人焕发青春、延长寿命；运动可以降低肥胖、心血管病、糖尿病、中风和多种癌症的风险。

　　然而讽刺的是，伴随着运动的健康价值被一次次证明的，恰恰是人们运动量的下降。为了了解人们的日常运动水平，美国国家癌症研究院通过计步器追踪了超过 7000 人的日常运动量。结论令人吃惊：6—11 岁的儿童中，仅 42% 的人每日运动量达到或者超过了 30 分钟的 "及格线"。而随着年龄增加，这一比例更是骤降——青少年中，不足 10% 的人每天运动时间超过 30 分钟；而 20—59 岁成人中，仅 3.5% 的人每天运动时间超过 30 分钟。以美国为例，缺乏足够的运动使得医疗体系每年付出超过 5070 亿美元的代价——并且，每年仍然有超过 25 000 例死亡归咎于缺乏运动。

诚然，一个人能否经常运动，取决于很多因素——生活习惯、健身设施、生活节奏、工作压力、社会角色、身体状况等。但不可否认的是，爱不爱动在一定程度上似乎是天生的。即使是刚出生不久的婴儿，我们也很容易观察到其中一些宝宝要比另一些更活泼好动，反过来，我们也经常会遇到无论怎么劝都不愿意去健身的亲友。

那么，究竟"天生"的成分对于一个人是否经常运动有多大的影响力呢？科学家做了一系列的研究，但至今还没有得出一致结论——有的说环境比较重要，遗传只占20%；有的人说遗传起了决定性作用，占到92%。由于这些研究的研究对象不同，研究的人数也偏少，所以谁也不能说服谁。

为此，2006年，生物学家对澳大利亚、丹麦、芬兰、挪威、荷兰、瑞典和英国的37 051对双胞胎进行研究（同卵

双胞胎拥有一模一样的遗传基因，而异卵双胞胎的遗传基因则不同。因此双胞胎是研究行为与遗传之间关联的最佳对象）。通过这些双胞胎的反馈问卷，研究者发现遗传差异竟能解释他们运动习惯差异的

48%—71%！（挪威除外，只有20%，个中缘由还有待进一步挖掘。）而生活环境、学习环境及朋友圈这些因素的影响力有限。

在随后的进一步研究中，为了探寻究竟哪些"遗传因素"决定了人们参与运动的积极性，研究者通过基因测序发现了一些潜在影响人们运动积极性的"位点"。其中，*PAPSS2*基因上的一个变异与运动积极性的相关性已被证实——携带了这一突变的人士，成为"沙发土豆"的概率是不携带突变者的1.32倍。

那么，遗传因素是如何影响人的运动习惯呢？一些观点认为，遗传影响了一个人的性格——如一个人拥有谨慎、进取、自律等性格特质，那他往往能够坚持运动。反之，如果一个人遗传到了焦虑、抑郁或情绪波动的特质，那么他的运动比例则较低。另一些观点认为，人体的单胺类神经递质与运动后的疲劳感有着密切联系（这让人不想运动），而阿片类、多巴胺类神经递质则在运动后产生"舒爽"感（让人更愿意运动）。受遗传作用影响，不同人在运动后产生的疲劳感或满足感可能不同，这也使得人们对运动的积极性有所不同。还有一些人认为心血管及其他功能更强大（这无疑也是与遗传相关的）的人更容易从运动后恢复，因此这

些人更热衷于运动。此外，运动成绩较好的人能够从运动中获得成就感，也更愿意坚持运动——这也意味着遗传到更好的爆发力与耐力的人相对更愿意运动。

讨论到这里，似乎结论颇为让人沮丧："不爱动"确实有一半是天生的，甚至可以通过一些基因检测预测一个人的运动积极性。但是，不要忘记了，"不爱动"只有一半是天性，另一半则离不开环境及自我约束。也许有人天生不爱动，但是亲友的突然患病令他下定决心；也许有人天生懒散，但为了亲朋好友的期许努力健身；也许有人天生不擅长运动，但在循序渐进的运动计划下逐渐找到成就感；也或者，有些人只是需要一些同伴的推动。

"天生不爱动"也许不是借口，但也不是故事的全部。下一次面对这样的亲友（或自己）时，是否应当少一些批评和否定，多一些理解和鼓励？对于他们来说，"动起来"确实要更难、更累，他们也确实需要比别人更多的鼓励和带领。

怎样才算胖

生活中，我们经常会用"胖瘦"来形容一个人的身材。不过如果我让你对"胖"下一个准确的定义，或许你就要困惑了——到底多"胖"才是"胖"呢？

实际上，这可是一个不亚于"我是谁"的终极哲学问题呢！不信的话，我来问问你：

对于身高 180 厘米的大个子来说，80 千克算胖吗？按照体质指数（BMI）= 体重 ÷ 身高^2=80÷1.8^2=24.69 来说，似乎是超重了。可是如果这个大个子浑身都是肌肉，脂肪并不多。那么，说他胖还合适吗？

又比如，一个身高 160 厘米，体重 50 千克的女士，按照 BMI 的计算，离"胖"的标准还差很远。可是如果这位女士经历怀孕、生产、哺乳，体重从 50 千克涨到 65 千克又回到 50 千克，她的身高体重都没有发生变化，"小肚子"却没有收回去。她该不该忧虑自己"胖了"？

上面的这些例子说明：单纯用身高、体重来衡量一个人胖不胖并不准确。脂肪、肌肉、体型等个体差异，甚至是主观因素、社会因素都会影响到我们对自身和别人胖瘦的认定。

那么，科学家们都是用哪些指标来衡量"胖瘦"的呢？每种指标又各有什么样的优缺点呢？

1.BMI。 BMI又称身体质量指数，简称体质指数，是英文 Body Mass Index 的缩写。这是最为常用，也是国际通用的衡量肥胖程度的重要指数。我们可以通过图片直观地感受一下不同的 BMI。

不过，即使是世界卫生组织也承认"身体质量指数因为对男女和各年龄的成人都一样，因而是最有用的人口水平超重和肥胖衡量标准。但是，由于它未必意味着不同个体的肥胖程度相同，因而应将其视为粗略的指导"。也就是说，对于不同的人，同样的 BMI 所代表的肥胖程度是不一样的。

首先是不同人种之间的差异。包括中国在内的亚洲地区，人们的体格普遍"娇小"，BMI 水平整体低于欧美，但这不意味着亚洲人的肥胖风险就低于欧美。事实上，亚洲人在

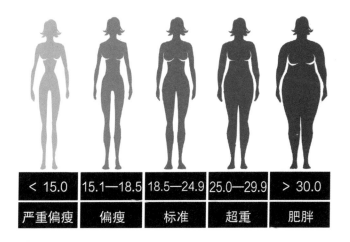

< 15.0	15.1—18.5	18.5—24.9	25.0—29.9	> 30.0
严重偏瘦	偏瘦	标准	超重	肥胖

BMI 低于 25 时，就已经有发生高血压、冠心病、高血脂等心血管疾病的风险。也正是因为这样，亚洲国家制定了针对自身人群特点的标准。

还有，BMI 不能准确描述身体的脂肪含量。如我们所举的例子那样，经常进行负重训练、肌肉发达的人如果只考虑到身高和体重，可能会被判定为 BMI 过高，而实际上他们只是结实而非胖。

2. 腰臀比。腰臀比就是腰围和臀围的比例，这是一个判定向心性肥胖的重要指标。一般认为，腰臀比越大，就说明越多的脂肪堆积在腹部和内脏中（即向心性肥胖），而非臀部和腿部（全身性肥胖）。这两种肥胖也分别被比喻为苹果形和梨形的身材。人们常说的"腰带长、寿命短"，指的就是向心性肥胖更容易导致糖尿病、冠心病、高血脂等和肥胖相关的疾病。

不过，和 BMI 一样，腰臀比的分界值也随年龄、性别、人种的不同而异。对于白人来说，男性腰臀比 >1.0、女性 >0.85 才算腹部脂肪堆积。而对于亚洲人，男性腰臀比大于 0.9、女性大于 0.8 就已经属于向心性肥胖。

再讲个"冷知识"，世界各地的"胖瘦排名"座次，依照 BMI 排序和依照腰臀比排序，结果会大相径庭。根据 2005 年的一项调查，如果按照 BMI 排序，那么东亚、南亚、中国等亚洲地区排名最低，欧洲国家次之，而澳新、中东和北美地区的排名最高；可是如果按照腰臀比，这个排名变成：中东和美国最低、中国最高。

3. 体型指数。BMI 和腰臀比各有优劣，谁也不能代替谁。如果有什么指标能够把两者融合在一起是不是会更好？

科学家也是这么想的。于是 2012 年纽约城市学院土木工程系助理教授尼尔·克拉考尔博士与其父亲、医学博士杰西·克拉考尔提出了体形指数（A Body Shape Index，ABSI）的概念。ABSI 将身高、体重、腰围融合到一起进行计算，公式如下：

$$ABSI = \frac{腰围（厘米）}{\sqrt{身高（厘米）} \cdot \sqrt{BMI^2}}$$

输入身高、体重、腰围等数值后，就可以计算出体型指数，并且根据性别、年龄等因素推断一个人患上肥胖相关疾病死亡的风险。

不过 ABSI 是一个很新的概念，相关的文献资料仍然不多。这种衡量方法的准确性如何，在不同人群中是否普遍适用仍

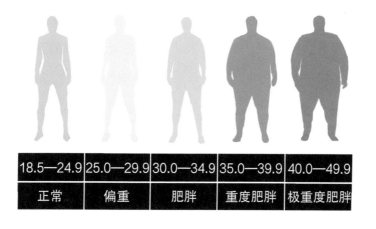

18.5—24.9	25.0—29.9	30.0—34.9	35.0—39.9	40.0—49.9
正常	偏重	肥胖	重度肥胖	极重度肥胖

然需要进一步的验证。

4.BAI。 ABSI 是把腰围和身高体重结合在一起得出的指标，但它的计算公式中没有用到臀围。那么如果把臀围和身高体重结合在一起可以得到什么呢？

答案是 BAI——南加州大学一项研究所提出的、评估脂肪含量的一个指标。

$$BAI=\frac{臀围}{身高^{1.5}}-18,$$

其中臀围以厘米为单位，身高以米为单位。

BAI 评估的结果比 BMI 更接近真实的体脂含量。美国运动委员会指出女性 25%—31%、男性 18%—24% 的体脂百分比被视为在可接受范围内，而运动员和体适能良好者，其脂肪百分比可能更低。

BAI 同样是一个很新的概念，需要更进一步的验证。

5. 体脂率。 体脂率是指人体内脂肪质量占人体体重的比例，是一个反映人体脂肪含量多少的百分数。

一般而言，女性的体脂率要高于男性。正常成年人的体脂率分别是男性 15%—18%；女性则为 25%—28%，过低的体脂率会影响女性的正常生理周期，所以女性不可过度追求降低体脂率。

6. 皮褶厚度。 皮褶厚度可以用来估算人体体脂含量的百分比，从而判断肥胖程度。一般使用皮褶卡钳（皮脂厚度计）测量上臂部、肩胛部和腹部。这个方法简单却容易产生误差。

7. 影像学测量。要想精确地知道腹部和内脏堆积了多少脂肪还得靠终极武器 DEXA——双能 X 射线吸收测量法（有时也被缩写为 DXA）。它是一种利用身体不同组织对 X 射线吸收率不同的原理来测量体内脂肪含量的方法。

类似的，还可以用 CT、MRI 来检测。这些检测往往用于测量腹部脂肪、内脏脂肪和体脂分布。

现在，你是否已经了解了这些"胖瘦指标"？试试看用不同的评价方法来判断一下自己的胖瘦吧。

身体知多少

肤色是门物理学

　　你知道吗？虽然肤色看似完全是医学或者生物学范畴的事情，可其中却隐藏着许多物理学知识。想要理解为什么有的人皮肤白皙而有些人则是黑黝黝的，就必须首先了解一些物理学，特别是光学知识。

　　物理课本上说过的，我们看到的所有颜色都取决于光的反射、折射。当然，皮肤的颜色也不例外。当光线照射到有色物体上时，一部分光线被吸收，另一部分则被反射。进入我们视觉范围（眼睛）的光谱刺激大脑中的感觉信号，于是

我们看到了"颜色"。如果物体把光线全部吸收，没有任何反射，那我们看到的就是"黑色"。反过来，如果这个物体没有吸收任何光线，全部反射出去，即所有的可见光光谱同时进入视

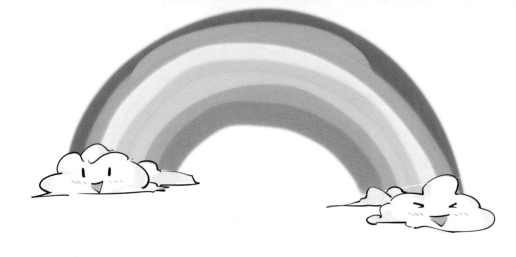

觉范围，我们看到的就是"白色"。

所以，皮肤颜色可以用光的反射加以解释。不仅如此，还有一个专门的指标"光线反射系数"用来衡量皮肤对于光线的反射率，并且指示肤色。毫无疑问，肤色越深，皮肤对于光线的反射系数就越低。根据测试，非洲人皮肤反射系数最低，约 47.5%；藏族人、印度人次之，分别为 58.7%、61.9%；汉族人约 65.0%；欧洲人最高，达到 69.9%。

不过，同样是"白"，有人白里透红，有人苍白。这是因为"白色"并不是一种颜色，而是全部颜色的光谱都反射进入了眼睛——白色是红、绿、蓝色光叠加而成的。

1976 年，国际照明协会建立了一套 LAB 颜色模型。在这个系统中，任一种颜色都可以用 L、A、B 三个变量来描述。其中，L 表示亮度，从全黑到全白为 0—100。A 表示从洋红色至绿色，B 表示从黄

色至蓝色，范围都是 +127 到 −128。

在一项对比研究中，人们发现非洲人、亚洲人、欧洲人的深浅变量平均值分别为 47.5、67.3 和 69.9，红绿变量平均值分别是 10.3、7.6 和 7.1，而黄蓝变量平均值分别是 17.5、17.3 和 14.6。也就是说，在 LAB 三个变量中，欧洲人肤色最亮也最偏冷色，亚洲人次之。

那么，在人体中，是什么因素影响了肤色的 L、A、B 值呢？答案是皮肤中的色素。其中，黑色素是最重要的决定"肤色"的色素，它吸收所有波长的光线，因此黑色素含量越高，吸收的光线也就越多，反射的光线也越少，反映在反射率上，就是 L 值更低。

另一个"载色体"是血红蛋白，血红蛋白在绿光波中有一个吸收峰，在红光波中却几乎不吸收，这使得血液呈现出红色。此外，血红蛋白的功能是携带、输送氧气。与氧气结合的氧合血红蛋白呈现亮红色，而释放氧气后则变成暗红色。动脉和皮肤毛细血管内，氧合血红蛋白较多，因此给皮肤增添了一抹"红晕"。在一定程度上，皮肤反射系数中的 A 变量与此相关。生活在青藏高原的人为了适应高海拔地区的缺氧环境，体内需要较多的血红蛋白，这使得他们的 A 值较高。

色光三原色

物体色三原色

此外，人体红细胞的代谢产物"胆

红素"以及饮食中的胡萝卜素等色素可以使皮肤出现黄色。这是参数中的 B 值——在黄蓝变量中得以体现。

除了色素以外，角质层的含水量也与肤色息息相关。饱满的、储水充分的角质能够反射更多的光线，给人以明亮感。这也是为什么去角质和补水后，皮肤变白、变亮了。

冷知识：你知道吗？有些防晒霜也会暂时地增白肤色。防晒剂可分为物理防晒和化学防晒两类。物理防晒能够反射或散射阳光，常停留在皮肤表面。由于物理防晒剂增加了光的反射，所以涂了这类防晒剂后，皮肤会更"白"。与此相对的是化学防晒。这些防晒剂能够吸收、中和紫外线。由于并不增加光的反射，所以涂抹化学防晒剂不会改变肤色。

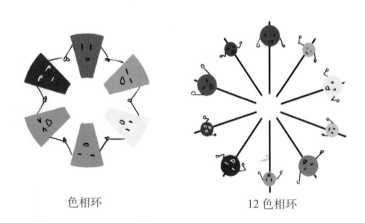

色相环　　　　　　　　12 色相环

肤色是门遗传学

你一定知道，非洲人大多是深色皮肤，而亚洲人的肤色多为黄色，欧洲人皮肤白皙。这里面有什么规律吗？如果我们摊开世界地图，然后把当地人的肤色涂上去，就会发现一个有趣的规律：非洲、中美洲位于地图的中间，靠近赤道的地方。这里的人肤色最深。从赤道逐渐往两极，也就是从热带逐渐过渡到温带，再到寒带，当地人的肤色逐渐变浅了。

这可不是什么偶然现象，而是与人类对环境的适应息息相关。赤道地区的太阳光照最为强烈，而靠近南北极的地球两端，太阳光不能直射，紫外线较弱，并且还有漫长、漆黑的冬季。不难想象，赤道地区的人，面临着太阳光太强的问题，而南北极附近的人，面对的问题则正相反：他们经常照不到太阳。

太多的紫外线会造成皮肤细胞

的损伤，使皮肤光老化并且诱发皮肤癌。所以在赤道地区，人们需要能够抵御紫外线伤害的生理机制。黑色素可以吸收紫外线，对皮肤有保护作用，所以黑色的皮肤对于非洲人来说，非常重要。

反过来，对于常年照射不到太阳光的人，这种保护能力不仅不重要，而且还有害。他们需要太阳光来帮助皮肤合成更多的维生素 D。维生素 D 可以促进钙的吸收和利用，对于骨骼强健非常重要。如果本来就很少照到阳光，而黑色的皮肤还吸收了大部分紫外线，这对于高纬度地区的人来说就不太妙了。

可是，最早的人类在走出非洲向世界各地移民的过程中，他们的肤色是如何一点点"丢失"的呢？答案在于基因的一些突变。SLC45A2 是已知的色素决定基因，这个基因的多态性决定了人的肤色和其他一些动物的皮肤、毛发颜色（同时也是决定眼睛虹膜颜色的关键）。比如白虎之所以有着白皮毛、深灰条纹，就是由于这个基因上的突变影响了黄色素和红色素的形成，而不影响黑色素的产生。

而另一个导致肤色丢失的基因是 TYR（酪氨酸酶）基因。酪氨酸酶是黑色素合成的关键酶，这个酶不仅决定了肤色的深浅，还与一些皮肤病有关。当 TYR 上的基因突变使得酪氨酸酶失去

活性时，人就无法合成黑色素，因而患上"白化病"。白化病人的皮肤、头发、眼睛中都没有黑色素，因此他们的皮肤和头发都是白色的，眼睛也是淡淡的粉色。由于缺少黑色素的保护，白化病人非常害怕阳光，也很容易得皮肤癌，所以需要常年戴墨镜、打伞进行防护。

不过，黑色素也并非越多越好，黑色素过量会引起雀斑、褐斑等问题，那就不美啦。

冷知识：包括中国人在内的东亚人有一个特殊的"肤色基因突变"。这个突变在东亚人中很常见，但是却不会发生在非洲和欧洲人身上。这个 OCA2 基因上的突变影响了黑色素的形成和成熟，因此是东亚人的祖先"走出非洲"后肤色变浅的重要原因。

身高是基因说了算的吗

许多人梦想着自己拥有高挑的身材，男性总是希望自己能长到 1.8 米以上，像篮球运动员一样英姿飒爽；女性也往往希望自己能长到 1.7 米，拥有模特般的身材。

不过，大多数人注定长不到那么高。2020 年国家统计局公布了中国成年男性/女性的平均身高，其中男性高度为 169.7 厘米，而女性高度则是 158.0 厘米，平均体重分别为 66.2 千克和 57.3 千克。即使是公认的"人高马大"的美国人，男性平均成人身高也不过 176 厘米，而女性为 163 厘米。

所以，若是你没有长到自己梦想的身高也大可不必沮丧——特别是当你的父母也不怎么高的时候。事实上，身高的遗传度达到了 80%—90%，也就是说，在人与人的身高差异中，遗传因素可以解释其中的 80%—90%，只有一小部分取决于营养、运动、睡眠、环境、健康等其他因素。

这里可以提供一个简单的公式来预测你成年时的身高：

男性身高（厘米）＝（父亲身高＋母亲身高）×1.08÷2

女性身高（厘米）＝（父亲身高×0.923＋母亲身高）÷2

不过，实际上你最终长到多高，往往会和这个预测的理论值有比较大的差异。这也不难理解，同父同母所生的同胞兄弟，按照预测值应该一样高，实际却可能大相径庭。比如，大家耳熟能详的武大郎和武二郎。

《水浒传》原文第二十三回是这么描写两人的身材的："原来武大与武松两个是一母所生。武松身长八尺，一貌堂堂；浑身上下有千百斤气力——不怎地，如何打得那个猛虎？这武大郎身不满五尺，面目丑陋，头脑可笑；清河县人见他生得短矮，起他一个诨名，叫作三寸丁谷树皮。"

那么武大郎和武松的身高到底是多少呢？虽然《水浒传》著于明朝，但是学者们经过考据后认为当时施耐庵用的是汉朝之前的度量单位，一尺大约23.1厘米。也就是说，武松身高约185厘米，而可怜的武大郎身高只有115厘米还不到——确实是很矮了。

当然，小说里的故事当不得

真。我们来看看现实生活中的例子吧。2011 年有一例新闻报道了浙江的一对同卵双胞胎。他们脸长得一模一样，小时候的个头也十分接近，但随着青春期到来，哥哥身高超过了 170 厘米时，弟弟却迟迟不发育，还是 150 厘米。经过检查，医生发现原来弟弟患上了垂体阻断综合征。脑垂体分泌的生长激素无法正常输送到身体，影响了生长发育。

类似的病例还有许多。如果幼年发生脑垂体疾病，那么典型的症状之一就是身高特别高或特别矮。脑垂体负责分泌生长激素，这个部位的异常会导致巨人症（生长激素过多）或侏儒症（生长激素过少）。比如身高 236 厘米的姚德芬被认为是世界上最高的女子，她就是由于脑垂体腺出现肿瘤导致的巨人症。

身材矮小（或异常高大）也是一些遗传病的表现，比如成骨发育不全（容易骨折、身材矮小），软骨发育不全（四肢短小），21- 三体综合征（唐氏综合征、先天愚型、身材矮胖），特纳综合征等。这些身高异常虽然是由遗传因素决定的，但患者的身高会和不患病的父母、兄弟姐妹有很大差别。

上面这些是极端个例，我们回到普通人的情况。在遗传学上，身高是一个非常典型的"多基因表型"。也就是说，身高不是由一个基因决定的，而是受到许多基因、营养、环境、生活方式、疾病、药物等因素共同影响的。这些基因每个都只对身高起着微小的作用，但其累加后的效应，使得人群的身高最终呈现出一个"正态分布"——大部分人的身高位于平均值附近，只有极少数人偏离平均值很远——正如我们在现实生活中看到的，极高和极矮的人都是极少数。绝大多数人最终都是普通人，有着普普通通的身高。

冷知识：截至目前，通过全基因组关联研究发现与身高相关的基因位点已经数以千计。但实际上影响身高的基因到底有多少个呢？目前的研究还不能回答。这些基因之间的作用，可能也不只是简单的效果累加。所以，目前的全基因组关联研究仍然只能解释影响身高的遗传差异的一小部分，通过基因来预测身高也只能作为一种参考。

耳屎需要掏吗

现在我们来讨论一个让人好奇又有一点恶心的话题——耳屎。你仔细观察过自己的耳屎吗？它们是不是黄色的、卷曲的、纸片状的东西，还略带一些说不清道不明的味道？

曾经有人小心翼翼地展开了一坨耳屎，并且很幸运地没有把它弄破（我很好奇他是怎么做到的），结果令人吃惊，那一坨耳屎展开后的面积，足足有一个巴掌那么大！

那么，耳屎究竟是什么呢？原来，我们的外耳道软骨部分的皮肤具有"耵聍腺"，会分泌出黄色、黏稠的分泌物耵聍。这就是我们俗称的耳屎。大部分东亚人的耵聍在空气中会变干、变脆，成为薄薄的片状，也就是"干性耳屎"。还有一部分人的耳屎是黏黏的油脂状，也就是"油性耳屎"。油性耳屎在中国比较少见，但是在许多欧美国家，油性耳屎才是

主流。

　　耳屎的特殊气味可以驱逐不小心爬到耳道附近的小虫，并且外耳道的形状略有弯曲，使耳屎在此处聚成团状，从物理上阻隔细菌、灰尘的入侵。当然，耳屎一般不会无限增长，因为它会随着我们吃东西、嚼口香糖和跑跳等动作而掉出来。

　　不过，太大的一团耳屎也可能造成阻塞（学名：耵聍栓塞），导致听力下降、耳鸣和耳痛。从这一点来看，定期掏耳朵还是很有必要的——特别是，当你感到听力下降、耳朵里有奇怪的撞击声或是别人能看到在你的耳朵里有一坨黄色的耳屎的时候，说明你的耳屎已经堆积得非常严重了。

　　要小心，挖耳屎也没你想象得那么简单。简单粗暴地使用挖耳勺有可能弄破外耳道的皮肤，而使用棉签则可能将耳屎推得更深。掏耳朵这个看似微不足道的小事也可能惹来许多麻烦。最好的方法还是到医院求助专业的医生，他们有一种"耳镜",可以一边看着耳道内的情景,一边清理耳屎。并且如果你的耳屎实在太大了,医生还可能先将一些药水滴进你的耳朵里,等几天以后耳屎软化了再把它冲洗出来。

冷知识:为什么欧美人不用挖耳勺呢?我们之前已经说过,他们的耳屎以油性为主,并不会结块,也就不需要挖耳勺了。他们经常在浴室里准备一大罐棉签,用来掏耳朵。有趣的是,这些棉签上一般都会有"禁止把棉签插入耳道"的字样。这句警告大概可以算得上是"史上被无视次数最多的警告"了。

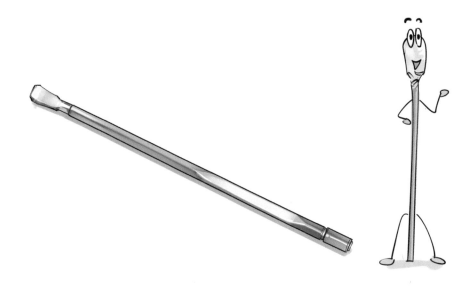

你会听音吗

你可能很喜欢音乐，但我敢打赌说：如果我在钢琴上随便按下一个键，从大概率说你并不能听出来我弹的是哪个音。如果你确实可以听出来（而不是瞎猜的），那么你很可能拥有一种非常罕见的音乐天赋：绝对音高能力。

在听到一段旋律或者自己唱歌时，能够分辨出其中哪个音更高，哪个音更低的能力，被称为"相对音高能力"。拥有相对音高能力的人，哪怕不怎么喜欢音乐，但只要知道参照音（例如 C 大调的"哆"），就可以很容易、很准确地唱出"哆啦咪发嗦啦西"。

但是拥有"绝对音高"能力的人，不需要参照音也可以分辨出钢琴、贝斯、大提琴等各种乐器发出的音高。他们甚至还能听出来风声、雨声、喇叭声、说话声，乃至硬币落地声或是爸爸呼噜声的音高。真是不可思议。

声音的本质是振动引起的波进入耳朵。振动的频率越高，

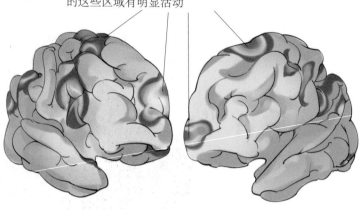

拥有绝对音高能力的人，听到音乐旋律时，大脑的这些区域有明显活动

声音也就越尖锐。振动的频率越低，声音也就越低沉。本质上，分辨音高的能力对应的是对声波频率的敏感度。有趣的是，这种差异在大脑的生理层面也有体现：拥有绝对音高能力的人，听到音乐旋律时，左侧额叶的背侧区域后方有明显的活动，而不具备这一能力的人则没有。

虽然这种能力听上去很酷，可是想要通过练习来达成却很难。因为，这种能力很有可能是天生的。早在 1876 年，皇家音乐协会学报的《音乐中耳朵对于音感的敏感度和音感的变化》一文中就已经提到了这种能力。1988 年，美国科学家普罗菲塔和比德首次证明这一能力与家族史有很大关系——也就是说，与基因遗传因素有关。1998 年，格雷格森对一些拥有绝对音高能力的人进行了调查分析，发现有 15.8% 的被调查者没有受到过任何早期音乐教育，而且他们和他们的亲属在绝对音高能力方面极为相似。换句话说，这些被调查者的"听音"能力，很可能遗传自父母。

不过不要气馁。因为即使没有这一能力也不影响你在音

乐事业上取得成就。有人曾经研究了几所专业音乐院校和乐团的共 600 名师生，发现总共也只有 79 人拥有这一绝对音高能力。所以，少了这一点技能加成，不会阻碍你成为未来的音乐家或者天王歌星。

冷知识：人们说话的时候，声带振动发出声音。振动频率的不同导致了音高的不同，而音高的变化则产生了"声调"。例如："数字 1"的"1"，是第一声，音高不变；表示惊讶的"咦？"是第二声，音高上升。"椅子"的"椅"是第三声，音高先下降后升高；"公益"的"益"是第四声，音高降低。

看书久会导致近视吗

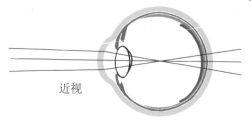

近视

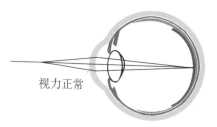

视力正常

人们总是把"书呆子"的形象和厚重的眼镜联系在一起。难道眼镜片的厚度真的和读书多少有关吗？答案居然是——真的！读书越多，越有可能近视。

正常情况下，光线进入眼球后，聚焦在视网膜上，形成我们看到的影像。但是如果光线不能正常地聚焦在视网膜上，眼睛就看不到清晰的影像，这就是屈光不正。

对于近视的人来说，远处的平行光线不是正好聚焦在视网膜上，而是聚焦在视网膜前方，因此近视的人看远处的物体就不清晰。反之，近处的光线却能够聚焦在视网膜上，因此看近处的物体不受影响。

不过，这和读书多少又有什么关系呢？原来，近视的发生是由个人的先天遗传因素和环境因素相互作用造成的。根据美国哥伦比亚大学医学研究中心的研究，一个名叫 *APLP2*

的基因与近视的发生密切相关。

科学家们首先发现，在动物实验中，近视程度越严重的猿猴，它的 *APLP2* 基因的表达程度越高，而远视的猿猴的 *APLP2* 基因表达程度较低。随后，科学家们又筛查了约 1.4 万人的基因信息数据库，试图找到人类 *APLP2* 基因与近视的联系。他们发现，人类 *APLP2* 基因上的一个小小突变，会导致青少年患近视的风险提高 5 倍！

更有趣的是，这一基因突变导致的近视风险只发生在那些每天看书超过一小时的人身上。对于那些每天看书时长很短的人来说，即便基因上存在这一变化，近视的风险也不会增加。这个结果验证了近视是基因和环境因素综合作用造成的，也从侧面解释了为什么读书越多越容易近视——对于课业压力极为繁重的学生而言，每天看书何止一小时！

目前，中国已经是世界上青少年近视发生率最高的国家了。2015 年的一项研究发现，长沙市的近 30 万名学生中，小学生近视率为 46%，初中生近视率为 62%，高中生近视率为 75%，大学生近视率已经超过了 90%。可以说，中国的近视问题已经相当严峻了。

下一次你不想看书，而是想去户外玩耍一下的时候，不妨试着用一下这个理由吧！

　　冷知识：除了近视的人需要佩戴眼镜以外，"老花眼"也需要佩戴眼镜。中老年人由于晶状体和睫状肌的老化，会出现晶状体调节能力逐年下降的情况。这就产生了与近视相反的症状。有老花眼的人，远处的平行光线聚焦在视网膜上，而近处的光线则聚焦在视网膜后方，因此他们看远处的物体清晰而看近处的物体却很模糊。近视眼镜是"凹透镜"，而老花眼镜则是"凸透镜"。

长时间戴耳机真的会导致耳聋吗

耳机是很多人生活中必不可少的伙伴，但专家们又总是提醒人们不要长时间戴着耳机学习、运动，这样会损害听力。这是不是危言耸听呢？

专家的意见并非毫无道理。我们的耳朵不太喜欢吵闹的环境——75分贝是人耳的舒适上限，超过85分贝就可能破坏耳蜗内的毛细胞，超过105分贝甚至可能永久损伤听觉。

根据实测数据，当人们在正常的办公室（45分贝）中使用入耳式耳机播放音乐时，声音响度一般在80—95分贝浮动，最高甚至达到了107分贝。如果是在繁忙的公路（80分贝）边戴着耳机，很多人习惯性会将音量调至更大。

也就是说，佩戴耳机时，耳朵一直处在高噪声环境下。这确实有可能使我们娇嫩的耳朵不堪重负，并且诱使听力提早衰退。

不过事实上，即使长期在噪声环境下工作的纺织女工，多年后也只有一部分人的听力受损，另一部分人则完全不受影响。同样，你的小伙伴即使天天戴着耳机跑上一个马拉松，可能多年后也完全不会有任何问题。

　　要理解这种差异，我们首先得讲一下耳朵是如何工作的。耳朵可以分为外耳、中耳、内耳三个部分。通常我们看到的"耳朵"和"外耳道"就是外耳，它起到收集声音的作用。中耳负责将收集到的声音传递到内耳。内耳中的耳蜗基底膜在受到声音的刺激下会发生振动，导致内耳毛细胞发生弯曲，这些受到刺激的毛细胞引起细胞生物电变化，释放出神经递质，通过耳神经传导到听觉中枢，经过大脑的"信息处理"就成为我们所感知到的声音。

　　因此，一个人的听力与内耳的毛细胞有很大关系。事实上，内耳毛细胞在受到声波刺激的时候，细胞膜内的电解质发生了很多变化，其中细胞质的钙离子浓度会异常升高，导致毛细胞损伤。一种特殊的蛋白质（PMCA2）能够清除这些过度的钙离子，从而减少毛细胞的损伤。类似地，还有许多蛋白质以各自的方式保护着耳朵，不受噪声的损害。

如果噪声的强度不大，持续时间不久，且这些蛋白质"修复工"可以正常工作的话，内耳受到的细微损伤就可以得到及时修复。反过来，如果长时间、高分贝地刺激耳朵，或者由于遗传缺陷导致蛋白质"修复工"没有办法正常工作，那么你的听力很有可能受损。

怎么知道自己的听力已经受到损害了呢？如果你在摘下耳机或者离开噪声环境时感到耳朵内嗡嗡作响（耳鸣），那就说明损伤已经发生了。长时间出现耳鸣就是听力退化、耳聋开始的信号，这时你就要到医院进行检查了。

冷知识：除了噪声外，药物也是造成耳聋的重要原因。对于一些存在线粒体基因缺陷的人来说，一些常用的药物会带"耳毒性"，造成耳鸣、耳聋甚至完全丧失听力。这些药物中较常见的包括：氨基糖苷类抗生素（如庆大霉素、氯霉素、链霉素、新霉素）、解热镇痛药（阿司匹林），甚至某些消毒药（如碘酒）。

受到药物损伤的内耳神经细胞很难再生，因此一旦发生药物性耳聋就很难治愈。目前科学家们正在推广基因检测，帮助人们在用药前评估药物对个人的耳毒性，从而了解这些常用药是否会对个人听力造成损伤。

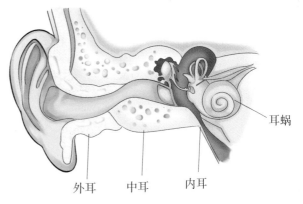

耳蜗

外耳　　中耳　　内耳

性别成谜的运动员

中国北朝的民歌《木兰诗》中讲述一个叫作木兰的女孩，女扮男装，替父从军的故事。诗中最后几句"同行十二年，不知木兰是女郎。雄兔脚扑朔，雌兔眼迷离；双兔傍地走，安能辨我是雄雌"，更是点明了木兰从军十二年未被发现是女子。

而在历史上，特别是奥运会的赛场上，也真的出现过一些性别成谜的运动员。

首先说一位著名的"女"运动员斯坦尼斯洛娃·瓦拉谢维奇。1932 年的洛杉矶奥运会上，这位波兰运动员以旋风般的速度冲过终点，创造了女子短跑百米世界纪录，并且夺得了金牌。不过，很快有人质疑她在性别上作弊，认为身材高大、体格强壮的瓦拉谢维奇不是女人，他们坚持女人是不可能创造出那样的成绩的。不过由于当时的奥运会并不检查参赛运动员的性别，此事也就不了了之。

从1929年到1937年，瓦拉谢维奇纵横体坛，先后13次改写世界纪录并总计获得了5000多枚奖牌。后来，她移居美国，更名改姓为"史泰拉·瓦尔施"。

1936年的柏林奥运会上，一位美国运动员海伦·斯蒂芬打破了瓦拉谢维奇的世界纪录。这激起了波兰代表队的疑虑。他们认为，如果有人对4年前瓦拉谢维奇创造的纪录有所怀疑的话，那么海伦·史蒂芬所创造的纪录无疑更值得怀疑。为了证明自己的"清白"，海伦不得已在裁判团面前脱了个精光，证明自己确实是女性。

不过，后来的事实表明，斯坦尼斯洛娃·瓦拉谢维奇的性别确实存在蹊跷。1980年，美国克利夫兰发生了一起枪杀

案，死者是一位69岁的女性。第二天，法医宣布这位死者不是别人，正是改名后的瓦拉谢维奇，并且还宣布她其实是一位男性，引起了轩然大波。也有人说，瓦拉谢维奇其实从出生时就属于性别不明人群，体内既有属于男性的Y染色体，也有女性的第二条X染色体。

除了至今性别成谜的瓦拉谢维

奇外，历史上还发生过一些冒充女运动员参加比赛的事情。1936 年，一位名叫赫尔曼·拉特延的运动员代表德国队参加了柏林奥运会的女子跳高比赛，不过后来他承认自己是男性，是在德国纳粹的强迫下冒充参赛的。

20 世纪 60 年代，也有一位世界级的女跑步运动员在检查中被发现是男性。

冷知识：一些急功近利的运动员为了夺取金牌而在性别上作弊，是因为男性在力量、速度、耐力、爆发力等方面都比女性略胜一筹。根据统计，在铅球、标枪、跳高、跳远等田赛项目中，男女运动员的成绩差异约 10%—18%；各种短跑、长跑等径赛运动中，这种差异达到了 20%；游泳比赛中男性也有 10%—15% 的优势。这些差异是由于男女激素水平不同引起的肌肉含量和分布不同所造成的。

为此，国际运动协会自 1966 年起引入了性别鉴定，确保参加女子项目的运动员确实都是女性。

性别鉴定的困惑

从 1966 年起，国际运动协会开始对参加竞技运动比赛的运动员进行性别鉴定，以保证没有男性运动员假冒女性参加比赛。不过，性别鉴定听上去很容易，实际操作起来却会遇到许多难题。

我们都知道，男人和女人在许多方面存在不同，包括：

1. 性染色体的不同，男性的染色体是 XY，女性的染色体是 XX。

2. 身体的第一性征和第二性征不同。

3. 性激素不同，男性体内主导的性激素是雄激素，而女性体内则是雌激素。

4. 社会认知和心理认知不同。

对于绝大多数人而言，上面的几种性别表现是一致的。不过，也会有人出现不一致的情况。这时候，争议就产生了。

1985 年，西班牙女跨栏运动员玛利亚·帕蒂诺因为被查

出体内的性染色体为 XY 而非 XX，而被取消了参赛资格。为此，她提出抗议。因为她实际上是一位男性假两性畸形患者，虽然能分泌雄激素，但是对雄激素完全不敏感。也就是说，虽然"她"有着男人的染色体，但是由于雄性激素对"她"完全不起作用，所以无论是外表还是心理上她都是一个女性。最终，她赢得了上诉。

帕蒂诺的例子并非个别现象。1996 年的亚特兰大奥运会对 3387 名运动员进行检测，共发现了 7 名和她类似的运动员。这些选手最终都被允许参加比赛。

除此之外，性别鉴定还存在其他的争议。比如，最初的鉴定方法是要求女运动员们赤身裸体接受妇科检查。这令一些来自保守地区的女运动员感到羞辱、难堪。因为被发现存在性别异常而导致运动员自杀的例子也时有耳闻。因此，1999 年 6 月，国际奥委会取消了"所有参加奥运会的女运动员必须参加性别检查"的规定，只在运动员主动申请和被发现有"问题"时，才启动性别鉴定和调查。

2009 年，第 12 届世界田径锦标赛在德国举行，18 岁的南非选手卡斯特尔·赛门娅在 800 米跑决赛中跑出了 1 分 55 秒 45 的优异成绩，获得了金牌。不过，由于她拥有男性般健壮的肌肉和粗哑的嗓音，其他国家的运动员纷纷怀疑她不是女性。2009 年，国际田联宣布对赛门娅的真实性别进行鉴别。

早先的调查指出赛门娅体内的睾丸激素是正常女性的 3 倍，并且没有卵巢。但是，后来经过医学专家、运动员代表、生物伦理学家和人权律师代表的共同评估后，赛门娅被允许继续参加女子比赛。不过，她的检查结果至今仍然保密。

冷知识：正常情况下，染色体为 XX 的胚胎会发育成女性，而染色体为 XY 的胚胎会发育成男性。这是因为，Y 染色体上名为 *SRY* 的基因是决定性别分化的关键。如果这个基因跳转到 X 染色体上，那么即使染色体为 XX，胚胎也会发育成为身材高大、性别特征明显的"男性"。

另一些情况下，雄激素受体基因 *AR* 的突变，会导致染色体为 XY 的"男性"对雄激素不敏感而发育成为"女性"。此外，性染色体异常或者肾上腺皮质增生等疾病也会导致性别异常。

只生男，不生女

世界上许多地方存在着重男轻女的现象，一些落后地区的人为了生育男孩用尽手段，甚至选择性堕胎的例子也时有耳闻。这当然是违法且不可取的。不过从科学的角度来分析，有没有什么技术让人一定能生下男婴吗？

答案是在人类的自然怀孕、生产中还没有这样的技术，出于伦理考虑也不该有。不过，类似的技术可能很快就要在养牛业中率先实现了。在肉牛的饲养中，公牛因为体型比母牛大，产肉量也就更多，并且公牛把饲料转化为牛肉的效率也比母牛高出近15%。因此，如果能够让怀孕的母牛只生下公牛，无疑会提高饲养效率，获取更多收益。

为此，加州大学戴维斯分校基因组与生物技术研究院开展了一个"只生男孩"（Boys Only）项目。2018年，他们通过基因技术创造出一头含有特殊基因的公牛。这头公牛有一条正常的 Y 染色体和一条带有 *SRY*（睾丸决定因子）基因的 X 染色体。

当这头公牛和正常母牛（染色体为 XX）交配后，生下的后代要么是含有 XY 染色体的正常公牛，要么是含有一条带 *SRY* 基因的 XX 母牛。*SRY* 基因能够调控性别分化，启动雄性体征发育，因此带有 *SRY* 基因的 XX 母牛无论是从外观还是性别特征上，都是"公牛"。

不过，带有 *SRY* 基因的 XX 母牛虽然长得像一头公牛，但不能产生精子，因此不会生下后代。这样一来，也就不需要担心这种技术会引发自然界中牛的性别失衡了。

其实，人类的 *SRY* 基因也会跳转到 X 染色体上。1992 年，国际奥委会曾对女运动员进行 *SRY* 检测，发现 5000 多名女

运动员中有 13 例 *SRY* 基因携带者。这些"女性"在肌肉含量和运动能力方面都比普通女性更具优势。还有一些男性因为生育问题前往医院就诊，结果却发现自己其实是带有 *SRY* 基因的"女性"。

冷知识：带有 *SRY* 基因的"女性"会发育成男性。他们通常智力、外表与正常人无二，但有可能存在喉结、胡须不明显，生殖器官发育不良和乳腺发育的问题。这些"女性"通常不能产生精子，也无法生育后代，这是因为他们缺乏 Y 染色体上其他共同参与性别分化的调节基因。

脑
洞
大
开

动物育种也算近亲结婚吗

你是否喜欢饲养宠物？宠物店里名贵的纯种小猫、小狗个个憨态可掬，是不是也让你心痒难耐，恨不得买一只回家？那么请注意了：几乎所有的纯种猫咪和狗狗都是近亲结婚的后代。

事实上，几乎所有动物、植物的育种都是通过近亲结婚来加强某些特征的。比如所有的"纯种狗""纯种猫"都是少数几个"祖先"繁育下来的共同后代。一方面，它们讨人喜欢的特征通过近亲繁殖更加明显了；另一方面，它们祖先的"遗传隐患"也在这个过程中被不断加强。

最典型的例子是苏格兰折耳猫。这种小猫温顺、可爱，并且耳朵向下弯折，十分受"爱猫人士"的青睐。不过，如果你知道了这些猫咪所承受的痛苦，或许会放弃饲养折耳猫

的念头。决定小猫"折耳"这一特征的基因 *Fd*，同时也与猫的软骨生长相关。有着"折耳"特征的苏格兰折耳猫必然携带 *Fd* 基因。*Fd* 基因会导致猫咪的软骨骨化异常，并且影响猫咪的骨骼生长和运动能力。

过去人们认为 *Fd* 基因是一个隐性遗传病基因，只要折耳猫与其他品种的猫咪交配，生下的小猫就可以避免骨骼发育异常。不过，后来科学家们发现，*Fd* 其实是一个显性基因。当折耳猫与折耳猫交配时，生下的小猫可能带有两个 *Fd* 基因，症状较重。而即使折耳猫与非折耳猫交配，也会有不同程度的症状，并且可能在一生中的任何时候发病。

许多在人们看来非常可爱的特征，其实恰恰表示猫咪们正在承受着痛苦，例如：

1. 像人一样坐着或爬。这其实是因为它们的后肢开始僵硬，一旦弯曲会感到痛苦，所以改变了姿势。

2. 脚掌肉垫很厚，摸上去肉肉的很可爱。这是因为它们的趾甲发育出现了异常。

3. 习惯性地抬脚，好像要和人握手。这是因为前脚也开始出现僵硬的症状，但程度还较轻。

一旦猫咪开始出现这些症状，那么疼痛会终身伴随它们。对于症状严重的猫，骨骼病变会蔓延到脊柱，使它们最终瘫痪。

真是令人心疼！

类似地，纯种狗也常常患有遗传疾病。例如：贵宾犬容易出现癫痫，拳师犬容易发生恶性肿瘤，而杜宾犬会有类似血友病的出血症状。此外，白内障、青光眼、先天性心脏病和情绪异常也常常困扰着纯种狗。

冷知识：不仅是动物，植物也承受着"近亲结婚"的困扰。几乎所有经济作物都是由人工育种"近亲繁殖"而来的。在一代又一代的育种过程中，许多野生植物原有的抗虫、抗病和适应气候变化的遗传基因逐渐丢失，因此这些农作物可能十分脆弱。例如，埃塞俄比亚等地区广泛种植咖啡豆，但近年来却因为虫害而饱受损失。想要解决这一问题，就必须到野生咖啡豆里去寻找一株有抗虫害能力的咖啡树。为此，全球正在努力收集这些野生物种，并组建"种子银行"。这可是事关人类生死存亡的大事呢！

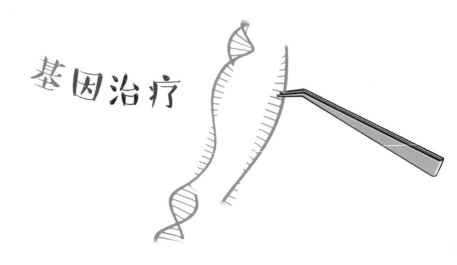

基因治疗

如果一个人的基因发生了"错误"，导致他患上某种疾病，那么把错误的基因"改写"回正确的，是不是就能够把疾病治好呢？许多生物学家有和你一样的想法，所以他们正在摸索一种名为"基因治疗"的新型医疗手段，把正确的基因序列导入到患有遗传病的病人的身体中，用来纠正或者补偿错误基因，达到治疗的目的。

这听上去似乎很简单，实际却没有那么美好。美国1991年就已经批准了第一例对遗传病进行基因治疗的临床试验，但直到2017年才首次批准了两种针对血液疾病的细胞免疫疗法和一种针对眼科遗传病的疗法。在长达30多年的研究中，实验结果不断重复着"乐观—失望"的循环，一些治疗没有达到预期的效果，而另一些治疗带来了严重的副作用。

最早，科学家们尝试的是用逆转录病毒和慢病毒作为"载体"。他们首先将病毒进行"改造"，使这些病毒带有所需的正确基因片段，然后再把病毒注射入人体。这些病毒就会把自身的 DNA 整合到人体中。这样一来，被病毒感染的人就能有正确的基因了。

不过，因为这类病毒会随机地插入人体的 DNA，也就有可能插入到原本正常的基因中，影响正常的基因序列。如果它插入到某些控制细胞分裂的基因中，就可能导致细胞分裂失去控制，从而诱发癌症。最早一批接受了基因治疗的儿童中，就有人因此患上了白血病。

接着，科学家们尝试使用"腺病毒"作为载体。腺病毒不会破坏人体原有的基因，因此不会引发癌症。不过，这种病毒又可能引发较强的免疫反应。1999 年，一位患者因为腺病毒基因治疗而发生免疫反应过度，失去了生命。这个事件一度为基因治疗的临床应用蒙上了阴影。

此后，新一代的病毒载体"腺病毒相关病毒（AAV）"被开发出来。AAV 通常不会把基因片段插入到正常的 DNA 中，引起的免疫反应也比较低，不过它的问题是治疗效果的持续性较差。

2013 年，张锋等科学家将一种新型基因编辑系统应用到哺乳动物细胞中，实现了基因编辑。随后，科学家们试图用这个系统来治疗遗传病。不过，这个系统同样在识别和编辑特定的目标基因方面存在问题。对于动物实验来说，只要筛出正确的结果即可，而对于人

类的疾病治疗，任何可能的错误都是不能承受的。因此，基因治疗仍有很长的路需要走。

冷知识：除了治疗的效果和安全性，基因治疗也因为伦理而受到争议。2018 年，贺建奎等人宣布通过基因编辑技术改造了一对双胞胎，以使她们出生即能天然抵抗艾滋病。这项研究的有效性、安全性和伦理性备受争议，也使贺建奎成了科学"大反派"登上了 2018 年度《自然》杂志评选的"十大科学人物"。2019 年 12 月，贺建奎被依法判处有期徒刑三年，并处罚金人民币 300 万元。

毫无疑问，基因编辑技术仍然需要在试错中不断进步，其应用也需要在争议中逐渐规范。

世界上最贵的药

许多遗传疾病都与基因有关，而这些遗传病给患者的身体和心灵的带来了巨大痛苦，更糟糕的是，医生们至今仍没有找到有效的治疗方法，他们不能阻止疾病的发展，只能通过一些药物缓解病症。而这些药物中不少贵得惊人。如果你听完下面这些药价，一定会瑟瑟发抖地庆幸自己的健康。

第一名：120 万美元，基因药物 Glybera

Glybera 是世界上第一个得到批准上市的基因药物，能够治疗一种超级罕见的疾病——脂蛋白酶缺乏症。患有脂蛋白酶缺乏症的人不能消化脂肪，所以必须严格控制饮食，此外，他们还很容易患上胰腺炎。但服用了 Glybera 后，这些患者不仅可以吃蛋糕、巧克力、牛油等美味，胰腺炎发作时的症状也会减轻。

不过，治疗的代价是 120 万美元。想想能够任性吃美味

的自己，你是不是觉得很幸运呢？

第二名：100万美元，基因药物 Luxturna

排名第二位的 Luxturna 也是一种基因药物，用于治疗基因突变导致的遗传性视网膜疾病。这种治疗方法是将正确的基因编码通过药物注射到患者的视网膜。这样一来，患者的视网膜感光细胞就能够存活，患者就能重见光明啦。

第三名：79万美元/年，罕见病药物 Ravicti

Ravicti 是一种氮结合剂。它能够避免尿素循环障碍患者血液中氨的含量过高，从而导致脑损伤、昏迷或死亡。不过，尽管这种药物的费用高达79万美元/年，患者还是需要限制饮食中鱼虾、肉类、豆制品等高蛋白食物的摄入。

第四名：63万美元/年，罕见病药物 Lumizyme

Lumizyme 是一种用来改善"蓬佩病"患者症状的药物。蓬佩病学名糖原贮积症Ⅱ型，是由于身体不能正常分解糖原而导致糖原积聚所引发的疾病，主要表现为运动障碍——四肢肌无力、肌萎缩假性肥大等。

第五名：59万美元/年，罕见病药物 Carbaglu

Carbaglu 被用来治疗罕见的N–乙酰谷氨酸合酶缺乏症。这种疾病的主要症状是血液中氨的含量过高，并且出现脑病和呼吸性碱中毒。患有这种疾病的新生儿如果不加以治疗，通常很快就会死亡。

第六名：57 万美元 / 年，罕见病药物 Actimmune

Actimmune 主要用于治疗严重的恶性骨质疏松症和慢性肉芽肿病等罕见的遗传性疾病。

第七名：54 万美元 / 年，罕见病药物 Solilis

Solilis 被用于抑制免疫系统失控导致的若干种罕见疾病。

第八名：50 万美元 / 年，罕见病药物 Alprolix

Alprolix 能够帮助血友病患者重建凝血机制。血友病是由于凝血因子异常而导致的疾病，患者一旦出血就很难止血，并且危及生命。

第九名：50 万美元 / 年，罕见病药物 Idelvion

Idelvio 同样是用于治疗 B 型血友病，不过它的作用是降低血友病患者的出血率。

第十名：49 万美元 / 年，罕见病药物 Naglazyme

Naglazyme 主要用于治疗 VI 型黏多糖贮积症。黏多糖贮积症患者体内缺少一种分解黏多糖的酶，因此全身各系统都会逐渐出现异常。

这些世界上最贵的药物所治疗的疾病都是非常罕见的遗传病。罕见病的发病率十分低，往往不到十万分之一，而药物的开发又十分昂贵。因此，这些药物无论是成本还是定价都居高不下，而过高的药价又使需要用药的患者难以承受，造成了恶性循环。

基因技术破解百年凶杀谜案

在 100 多年前的英国伦敦东区白教堂一带，聚集着数万名来自东欧的移民。由于常有流氓、妓女出没，那里的治安很差。1888 年 8 月 7 日到 11 月 8 日期间，那里连续发生了一系列残忍的凶杀案，罪犯先后杀死了至少 5 名妓女，并且还把其中一些受害人的肠子、肾脏取了出来。

这些案件造成了极大的轰动。在媒体的追踪报道下，凶手不仅没有收手，反而变得更加嚣张，他在现场留下字迹，用红墨水写信给报社，还把受害人的半颗肾脏寄给了居民自发组成的"白教堂警戒委员会"。

警方调查了许多人，但凶手的作案时间都在半夜和凌晨，目击者寥寥，再加上当时的刑侦技术有限，始终未能破案。100 多年来，这位"开膛手杰克"到底是谁，一直是个谜。被警方、专家和媒体列为嫌疑对象的人选多达 200 余名，包括医生、律师甚至还有女性。不少知名人士都曾被传为凶手，包括：维多利亚女王的孙子艾伯特·维克多、英国首相丘吉尔的父亲伦道夫·丘吉尔、《爱丽丝梦游奇境记》的作者刘易斯·卡罗尔，但都没有确凿的证据。

不过，随着基因技术的发展和普及，这位凶手的身份最终还是得以揭露。2007年，一条在凶案现场发现的披肩被公开拍卖。这件昂贵的饰品不可能是死者凯瑟琳·埃多斯的，因为她十分贫穷，被杀害的前一天才刚刚典当了自己的鞋，所以这条披肩很有可能是凶手故意留下的。

2012年，法医采用"真空吸取"的方式获取了披肩上血液的DNA样本，与埃多斯后裔的DNA比对后，确定披肩上的血迹属于埃多斯。此时，在这条披肩上留下的死者血迹和凶手的精液痕迹成了破案的关键。专家们还在披肩上的精液痕迹中发现了上皮细胞，提取了其中的DNA样本后与嫌疑人后代的DNA进行了对比。

2014年，专家从这组DNA样品中鉴定出一个编号为314.1C的关键基因突变，并且通过DNA对比认定当时年仅23岁的波兰移民亚伦·柯斯米斯基就是凶手。然而持不同观点的专家则认为这个突变其实应为315.1C，在90%的欧洲裔移民中都存在，因此不能证明柯斯米斯基就是凶手。

2019 年 3 月，DNA 分析取得了新的突破。《法医科学杂志》发表了一篇论文，再次指认柯斯米斯基为凶手。这一次，他们使用的是披肩上残留的线粒体 DNA。线粒体 DNA 的存活时间比细胞核 DNA 的存活时间长得多，而且仅能由母亲传递给子女，因此很适合用来确认血缘关系。在经过一系列比对后，他们发现来自血迹中的线粒体 DNA 与死者女性后代的线粒体 DNA 吻合（又一次证明了这条披肩确实是关键物证），而精液痕迹中的线粒体 DNA 则和柯斯米斯基妹妹的女性后代中的一致。至此，这起百年凶杀谜案终于告破！

用基因技术破解陈年疑案的例子还有我国的"白银案"。1988 年至 2002 年间，同一个罪犯在甘肃省白银市、内蒙古自治区包头市先后抢劫、杀害、强奸了 11 名女性，其中最小的受害者只有 8 岁。这名凶手专门选择身穿红色衣服的年轻女性下手，悄悄尾随她们进入住所，随后再对她们进行攻击。

这个凶手从 1988 年开始作案，到 2002 年收手，作案时间长达 14 年。白银市警方根据目击证人的描述绘制出凶手的模拟画像，并且根据遗留在案发现场的指纹、脚印和精液，采集了全城数十万名男性的指纹和 DNA，但直到距离最后一次作案又过了 14 年，还是一无所获。

2016 年，公安部派出专家支援白银市公安局 DNA 实验室的工作。专家组将过去采集的 10 000 多份血样建立了

DNA-Y染色体数据库，进行统一比对。他们发现其中一组血样的Y-染色体与白银案现场的Y-染色体特征相似，但不完全相同，由此认为血样的提供者和凶手应该来自同一家族。

随后，警方对这个家族的每个男性成员挨个抽血，结合其他犯罪条件进行筛查分析后，终于锁定了凶手：血样提供者的远房侄子高承勇。他的DNA与犯罪现场的痕迹完全匹配，而且在作案的时间和空间上也具备条件。最终，经历近30年时间，这个臭名昭著的凶手终于被抓获。

冷知识：DNA的化学结构在1953年才由科学家沃森和克里克破解。此后的几十年里，DNA测序技术始终昂贵且费时。1990年，美国、英国、法国、中国等6个国家的科学家联合起来，花费了30亿美元才完成了人体基因组测序。在这么高的费用下，想要建立破案所需的大规模DNA数据库显然是天方夜谭。

不过，如今DNA测序费用已经大幅度下降，建立大规模的DNA数据库已成可能。比如，我国的公安部就对许多有犯罪记录的人进行了DNA采集，建立了庞大的DNA数据库。再加上天眼系统、人脸识别等技术的普及和应用，犯罪分子将再无藏身之地。

这些历史悬案在2016年和2018年相继出现突破，和基因测序技术的成熟、普及是分不开的。

子母河水是怎么让唐僧怀孕的

《西游记》里有一回说到唐僧师徒4人在去往西天取经的途中，路过了一个特别的王国——女儿国。那里没有男人，只有女人，而这些女人们想要生孩子的时候，只需要喝一碗子母河里的水，就可以受孕。怀胎十月后，她们会生下孩子，而且也必定是个女儿。唐僧和猪八戒师徒二人因误饮了子母河的水，腹中也有了胎儿。

这是神话小说里的情节，我们当然不能太当真。不过世界上真的会有这样神奇的"子母河水"吗？它又如何让女人不需要男人就可以怀孕呢？

人类的自然受孕需要男性的精子和女性的卵子。精子和卵子中各含有半套染色体，只有结合形成受精卵后，才能发育成为胚胎。胚胎在母亲的子宫里发育，母亲十月怀胎后新生儿呱呱坠地。

不过，随着生物科技的发展，人们已经可以在没有精子参与的情况下培育出胚胎。1996 年，科学家们克隆出了小羊"多利"。科学家先从一只六岁母羊的乳腺细胞中提取了细胞核，并从另一只母羊的卵巢内取出卵细胞。这枚卵细胞自身的细胞核被去除后，又被植入了来自乳腺细胞的细胞核。在微电流的刺激下，细胞核和卵子融合，开始发育。随后，开始发育的胚胎被植入到第三只母羊的子宫内继续发育，直到发育成熟，自然分娩。

这个过程中一共出现了 3 位"羊妈妈"。猜一猜，多利长得最像哪位羊妈妈呢？没错，它长得和第一位提供乳腺细胞的"羊妈妈"几乎一模一样。因为它们拥有相同的遗传信息。

不过，虽然克隆技术不需要"男人"，却离不开人工操作步骤，和《西游记》中只要喝下子母河的水就能怀孕并不一样。而且，唐僧和猪八戒都是男性，没有卵子可以提供。这些都说明，虽然克隆技术可以使女人不需要男人就生下孩子，但是子母河的水并没有克隆技术。

现在我们又回到了最初的问题，子母河水到底是怎样让

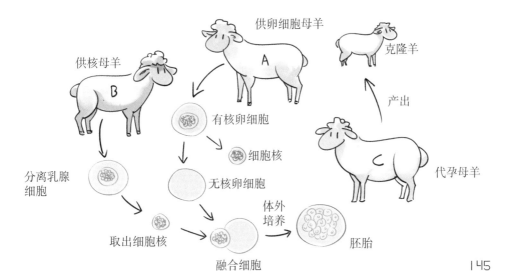

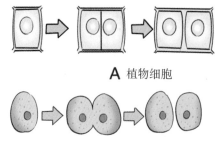

细胞分裂

A 植物细胞

B 植物细胞

人怀孕的呢？生物学中是否存在类似的技术，就像喝下子母河水一样，即使没有卵子和精子相遇，也能够让人生下小宝宝？答案是——有的，无性繁殖，通过刺激身体内的体细胞发育成为胚胎，而不是依靠只具有一半遗传基因卵子。

2014年，一位日本女科学家小保方晴子在国际权威学术期刊《自然》上发表了两篇学术论文，宣称虽然生物的体细胞已经分化，但是可以在外界刺激下转为"万能细胞"。她把这种现象称为"STEP"（刺激触发的万能性获得）。

尽管后续的争论表明，晴子小姐在这个学术问题上可能造假了，但我们仍然有理由怀疑，子母河水的作用机制非常类似于她所描绘的STEP现象——子母河水是一种外界刺激，通过刺激，饮水者的体细胞转化为"万能细胞"，并且发育成为胚胎。只有这样，才能解释为什么身为男性，没有子宫的唐僧、猪八戒在喝了河水后也会怀孕。

冷知识：在实际生活中，人类身体内的细胞也有可能突然分化、发育成为"胚胎"。这些"胚胎"被称为"畸胎瘤"，它们不能发育成为正常胎儿，但是有时能分化出牙齿、骨骼、毛发等结构。这些畸胎瘤属于肿瘤的范畴，需要通过手术摘除。

畸胎瘤常发生在女性的卵巢内，但在其他部位，比如腹部、大脑等部位也可能发生畸胎瘤。除了女性外，男性也可能长出畸胎瘤。男性最常发生畸胎瘤的部位是睾丸。

我们会进化成超人吗

我们在生活中，时不时会听说关于食品加工的黑幕或者环境污染的新闻。即使其中大部分只是谣言，但许多人仍然会为此忧心忡忡。当然，也有人会调侃说，人类很快就会进化成超人了。

我们究竟会不会因为环境和食品就进化成超人呢？

从旧石器时代之前的非洲祖先开始，人类一直在不断地进化，变得越来越适应环境。比如说，随着家畜被驯化饲养，奶制品成为游牧民族的重要食品，一个令乳糖酶持续存在的突变被"进化"出来，这使得人类成为唯一能够在断奶后持续分泌乳糖酶的哺乳动物。

另外，研究证据表明，单眼皮、小眼睛、塌鼻梁和小短腿能够有效地减少眼睛、鼻子和腿部等脆弱部位的热量散失。这些我们今天看起来"不够美"的特征，恰恰是东北亚民族（包括北方汉族）的祖先为了适应寒冷气候所作出的"进化"。

那么，空气和食品污染是不是也有可能成为人类进化的动力呢？或者说，有没有什么基因突变能够令我们更加从容地笑对污染？同样暴露于污染的环境，为什么有些人安然无恙，有些人却健康受损甚至死亡？答案或许要到长期暴露于污染环境下的特殊人群中去寻找，例如从事特殊工种的人群，有着某种共同进食习惯的人群，甚至是生活在同一污染地区的人群。

"装修"是公认的污染源，其释放出的苯和甲醛可以造成 DNA 永久的、不可逆的损伤，甚至引发白血病。然而研究人员发现，一个参与苯类物质代谢的基因上的特定突变可以使人们避免患上白血病——正常人中，约有 61% 的人群不携带这类突变，而急性白血病患者中这个突变比例则高达 79%—82%。

泡菜、腌肉等食物中的亚硝胺被认为是胃癌的罪魁祸首，而其代谢酶参与了亚硝胺的激活作用。携带这个酶的 *CYP2E1* 基因上的两个特定突变会降低胃癌发生率。福建省福州市长乐是胃癌高发地区，专家在那里进行了一项研究，对比了当地居民中胃癌患者与健康人群，而后发现没有携带基因突变的人群的胃癌发生率是携带者的 3.58 倍。

既然已经找到了这样

的"突变"，是否意味着我们很快就可以"百毒不侵"了？

在生物课本中有这样一个故事：英国有一种桦尺蛾，19世纪50年代，种群中99%的蛾子是灰色的，仅有不到1%是黑色的。但是随着英国的工业化，树都被熏黑了，灰色的蛾子失去了保护色，很容易被鸟类吃掉，于是黑色的蛾子生存了下来，成了种群中的主流。到19世纪末，黑色蛾子的比例已经达到了90%以上。

桦尺蛾只用了50年不到的时间就适应了污染的环境，也有其种群特性的原因。第一，蛾子一年繁殖一代，不到50年就已经繁殖了几十代了；第二，蛾子交配产卵后就会死亡，而如果在此之前就不幸被鸟儿吃掉了，根本没有机会留下后代来。

人类的情况要复杂一些。人需要二三十年甚至更长时间才会孕育第二代，而环境、食品污染却频繁发生，并且更为重要的是，环境、食品污染不会让人立刻退出基因接力赛，常常需要十年、二十年甚至更久才会引起癌症和其他疾病（装修污染引起的急性白血病算是个例外）——这时的人们往往早已结婚生子，把自己不那么适应环境污染的遗传基因传递下去了。

所以，如果环境和食品污染持续存在的话，或许人类真的能够突变出某些"百毒不侵"的特质来，但是这需要很长、很长的时间。

小黄人为什么要戴眼镜

　　电影《神偷奶爸》中有一群又呆又萌的卡通人物——没错，小黄人！它们全身通黄，圆坨坨的身体好像一颗小胶囊。这个可爱的形象甫一面世就赢得了万千宠爱，风头甚至压过了原本的主角。不过，你有没有想过这样一个问题呢？为什么这些小黄人总是戴着眼镜，即使睡觉也不摘下来？

　　首先，小黄人并非天生就自戴眼镜，电影《小黄人大眼萌》中就出现了小黄人打架时把对方眼镜扯下来的镜头。再者，小黄人因为近视而必须戴眼镜的可能性也能排除，因为近视眼镜最早出现于1289年意大利佛罗伦萨，而早在此之前，小黄人就已经戴着没有玻璃片的眼镜了。而且小黄人即使睡

觉也不摘眼镜，说明它们并不是由于近视而戴眼镜，否则睡觉时完全可以摘下来呀。

我们再回顾一下《小黄人大眼萌》片头，随着小黄人进化而不断演变的眼镜：首先，小黄人刚从海洋来到陆地时用的是海带制成的眼镜，没有镜片。原始人时期用的是树皮做成的眼镜，没有镜片。然后从古埃及到中世纪再到法国大革命时期，小黄人的眼镜使用的材质和制作的工艺在进步，但始终没有镜片。即使到了现代，玻璃镜片的技术已相当成熟，小黄人也经常戴着没有镜片的眼镜。

小黄人的创作者给出了官方答案：它们戴的是"护目镜"。这又引出一个问题——一般人通常是在做实验或者从事危险工作的时候，为了保护眼镜免受外伤或外来刺激才会佩戴护目镜。小黄人为什么每时每刻都需要"护目"呢？

我们排除了所有其他可能性后，给出了一个大胆的猜想，也许是因为小黄人的眼部结构存在严重的生理缺陷，不能为眼球提供足够的支撑，必须借助特殊的眼镜牢牢"锁定"眼球。

这就解释了为什么生活在海洋中的小黄人祖先不需要眼镜——因为海水提供了足够的浮力。随着小黄人来到了陆地——失去了海水的浮力，它们的眼睛变得脆弱不堪。这也解释了为什么小黄人的眼镜可以是没有镜片的（它们根本不近视）；为什么小黄人的眼镜不是轻轻托在面部上方，而是

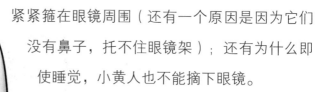

紧紧箍在眼镜周围（还有一个原因是因为它们没有鼻子，托不住眼镜架）；还有为什么即使睡觉，小黄人也不能摘下眼镜。

当眼球突出时，眼眶不再能为眼球提供足够的支撑、固定作用。在遭受撞击的时候，没有眼眶作为缓冲的眼球会格外脆弱。所以，小黄人们需要一副又重又厚的眼镜，牢牢地"锁定"突出的眼球。

诚然，小黄人是虚构的卡通形象，不过类似的"眼球突出"问题在人类身上也会出现，而且还挺常见。

曾经有过新闻报道：有些人拥有特殊的"本领"，可以随意将自己的眼球突出眼眶，再安然无恙地收回去。你可别羡慕这样的"本领"。对于一般人而言，眼球突出并不是什么好现象，这可能意味着肿瘤、内分泌疾病、炎症、外伤、遗传及发育性疾病等多种眼部和全身性疾病。例如，这可能是鼻窦肿瘤侵入眼眶后，挤压眼球造成的症状。甲状腺功能亢进的患者或者是垂体分泌促甲状腺素分泌过多也会引发眼球突出。眼眶发生炎症、外伤，或某些遗传病也可以使眼球突出。

更要紧的是，如果人类一旦患上眼球突出，可不像小黄人那样戴个眼镜就可以对付。由于眼球突出的病因众多，涉及多个学科，易误诊误治，如果处置不当还可能造成严重的后果。因此临床医生面对眼球突出患者，往往需要进行多种相关检查。只有明确了病因，才能根据病因选择最佳治疗方案——包扎、药物、手术，甚至是放化疗。

冷知识：凸出的眼球也是克鲁宗综合征的典型表现之一。由于 *FGFR2* 基因的异常，这种疾病的患者会过早地发生头骨的颅缝早闭。换而言之，当小婴儿的脑部不断发育的时候，作为"容器"的颅骨却不能相应长大。这就导致了头脑内部的压力增加，并且把眼睛"挤了出来"。一开始，这种突出并不明显，但随着压力的不断增大，最终会使眼睛无法正常闭合、角膜病变，甚至导致失明。

为什么有的小黄人
只有一只眼睛

你看过《神偷奶爸》系列电影吗？喜不喜欢里面长相呆萌说话搞笑的小黄人呢？你会不会也想过这样一个问题："为什么有的小黄人有两只眼睛，而有的则只有一只呢？"当然，对于绝大多数人来说，这个疑问可能转瞬即逝。不过，较真的作者却想带着你们好好考证一番。

根据《小黄人大眼萌》电影的开场，小黄人的进化路线和人类几乎是一致的。从单细胞的海洋古细菌，逐渐发展成多细胞的生物。然后长出尾巴，成为小鱼。和恐龙几乎同时代登陆，最后演化为直立行走的小黄"人"。所以我们暂且假定小黄人在本质上和人类没有太大的不同。毕竟自然界中，能直立行走，形成族群，拥有自己的语言，生产和使用工具的生物，似乎也就只有人类而已吧。事实上，除了脑袋长点、脖子短点、脑袋肚子屁股连一起、手短、脚短、头发少、牙齿少……之外，小黄人其他地方和我们人类还是很接近的。

那么，人类世界中是否也存在和小黄人一样的"独眼"现象呢？可能有过，古希腊神话中就有着独眼巨人的传说。据说独眼巨人拥有可怕的力量，住在西西里岛，强壮、固执、冲动，且很会制造和使用各种工具和武器。

当然这只是神话故事，不能当作真实的案例。不过真实生活中，也不乏"独眼"人的案例。2015年，埃及出生的一个小婴儿就被媒体称为"独眼巨人 Cyclops"。这名婴儿出生就患有严重的畸形，只有一只眼睛，并且没有鼻子，心脏也有严重畸形。最终，这个小婴儿只存活了几天就离世了。

这种"只有一只眼睛"的现象被称为独眼畸形。这是前庭畸形的一种，每1000个胎儿中大约会有4个，不过通常会流产、死胎或者出生不久就夭折。

独眼畸形的发生是由于胎儿在眼眶发育时出现异常，造成眼眶发育不全，无法形成两个独立的眼眶，而鼻、口部也会受到影响，有的独眼畸形儿鼻子长到了眼睛的上方，有的因为眼睛占用了鼻子的位置而根本没有鼻子。因为关于这种畸形的报道太少，所以科学家也不太明确是什么原因导致的这种畸形。有人认为这与13号染色体的异常有关。药物、辐射、病毒、遗传都是可能的原因。

除了人类以外，动物也有可能发

生"独眼畸形"。比如2011年美国加州海岸曾经捕到一条雌性牛鲨，体内有一条通体雪白的独眼鲨鱼胎儿。而2017年5月印度北部出生的一只独眼小羊不仅成为当地人慕名参观的对象，还在主人的细心照料下存活了一周多。

　　无论是独眼的人类还是动物，通常都伴随着其他身体畸形，以至于无法长期存活。这种畸形对于人类和其他许多动物来说，着实是严重的、致命的缺陷。但不知道为什么，小黄人也会出现这样的情况。并且对于它们来说，除了少个眼睛之外，似乎没有任何别的异常！

图书在版编目（CIP）数据

子母河水是怎么让唐僧怀孕的：神神秘秘的基因冷知识 / 张珍真著.—上海：上海科技教育出版社，2022.1
（尤里卡科学馆）
ISBN 978-7-5428-7417-7

Ⅰ.①子…　Ⅱ.①张…　Ⅲ.①基因—青少年读物
Ⅳ.①Q343.1-49

中国版本图书馆CIP 数据核字（2020）第 267984 号

责任编辑　李　凌
装帧设计　李梦雪

 尤里卡科学馆

子母河水是怎么让唐僧怀孕的
——神神秘秘的基因冷知识

尹传红　主编
张珍真　著
宫世杰　插图

出版发行　上海科技教育出版社有限公司
　　　　　（上海市闵行区号景路 159 弄 A 座 8 楼　邮政编码 201101）
网　　址　www.sste.com　www.ewen.co
经　　销　各地新华书店
印　　刷　上海中华印刷有限公司
开　　本　720×1000　1/16
印　　张　10.5
版　　次　2022 年 1 月第 1 版
印　　次　2022 年 1 月第 1 次印刷
书　　号　ISBN 978-7-5428-7417-7/G·4355
定　　价　58.00 元